La main gauche
de David Lynch

TRAVAUX
PRATIQUES

Collection dirigée par Laurent de Sutter

PACÔME
THIELLEMENT

LA MAIN GAUCHE DE DAVID LYNCH

TWIN PEAKS ET LA FIN DE LA TÉLÉVISION

Presses Universitaires de France

1
Retournement dans le miroir

Les hommes se retournent dans leur miroir comme les enfants dans leur lit : pour trouver le sommeil. La constance apparente des choses est ce sommeil ; la permanence du visible alliée à la confiance que notre identité ne va pas nous faire faux bond pendant la nuit. Pour cela, nous composons énormément, avec ce monde comme avec nous. Nous recouvrons nos mutuels abîmes d'une fine bande de gaze. Nous attribuons nos inconsistances crasses aux hasards de la vie. Et nous nous aveuglons sur ce qui glisse en nous avec l'évidence du fildeferiste ivre dans le cirque anti-cosmique du dieu mauvais. Le premier garant de cet aveuglement, c'est encore notre visage. En lui s'unifient, lorsque nous le regardons, les multiples puissances que nous savons s'éparpiller et s'affronter inlassablement dans notre âme jusqu'au plus complet déchirement. C'est pourquoi nous retournons, toujours, dans le miroir, vérifiant notre constance, appuyant notre permanence, implémentant notre confiance, et nous nous rassurons... Mais parfois, quelque chose d'étrange se passe. Un détail nous échappe, un amour nous trouble, un mort nous parle. Soudain, c'est le miroir qui se retourne dans l'homme ; et ce qu'il lui montre alors n'est pas bien glorieux.

*
* *

En 1944, Otto Preminger réalise un film noir nommé *Laura*. Dans celui-ci, un agent de police à la virilité proverbiale, l'inspecteur McPherson (Dana Andrews), enquête sur l'assassinat de Laura Hunt, une jeune publicitaire abattue d'une décharge de chevrotine au visage dans l'entrée de son appartement. À mesure qu'il avance dans son enquête et recueille les témoignages des suspects – Waldo Lydeker (Clifton Webb), un vieux journaliste acide qui fait office de mentor ; Shelby Carpenter (Vincent Price), un grand garçon déclassé, séducteur et intéressé –, McPherson est de plus en plus obsédé par la jeune disparue. Son attention se focalise plus particulièrement sur un grand portrait, disposé au centre du salon de la publicitaire, face à un canapé, et sur lequel on reconnaît le visage lunaire, à la timide félinité, de Gene Tierney. C'est face à cette image que, au milieu du chemin de notre film, perdu dans les labyrinthes de la fascination comme le poète dans une forêt obscure, l'enquêteur s'endort. Le rythme du film s'engourdit. Les paupières du spectateur s'alourdissent.

C'est exprès : c'est le moment que choisit Laura pour revenir d'entre les morts et le réveiller.

Bien sûr, la jeune femme abattue d'une décharge de chevrotine au visage n'était pas Laura, mais un mannequin employé pour ses annonces, Diane Redfern, avec qui Shelby Carpenter entretenait une liaison. Et Laura était, bien sûr, simplement partie un week-end à la campagne pour réfléchir. La morte ne renaît donc pas vraiment de ses cendres et la dimension orphique de son apparition est aussitôt rationalisée par le récit policier (du reste, à la différence de Kim Novak dans *Vertigo*, elle ne meurt pas deux fois non plus). Mais cette rationalisation importe assez peu face à la puissance dévorante du dispositif auquel le spectateur est confronté. À savoir que, dans *Laura*, l'enquête policière est un leurre. Elle n'est qu'un prétexte à la mise en scène d'une image de femme s'incarnant dans une actrice après avoir phosphoré dans l'esprit du premier rôle masculin. « Sans fausse modestie, dira Gene Tierney, je pense que les gens se souviennent moins de moi pour ma performance d'actrice que comme la jeune fille du portrait. »

Méditation policière sur la dimension épiphanique des images, le film est très vite l'objet d'une fascination cinéphilique compulsive (et pourtant, toujours selon Gene Tierney, « nul d'entre nous, qui fut impliqué dans ce film, ne lui prêta à l'époque la moindre chance d'accéder au rang de classique du mystère, voire de survivre à une génération »). C'est une fascination qui renvoie à celle de Pétrarque pour sa muse, Laure de Noves, l'aïeule sexy du marquis de Sade dont la « démarche n'était point celle d'une mortelle » mais d'une « créature angélique » et dont les « paroles résonnaient autrement que la voix humaine ». Pétrarque peut pleurer et soupirer, il ne sortira jamais du cercle d'influence créé, non par la jeune beauté, mais par l'image qu'elle projette entre son œil et l'écran de sa paupière. Envoûteuse de haut vol, Laure réussit à fixer l'attention de sa cible avec une efficacité telle que cette dernière fournira pendant vingt années les marques du comportement souhaité. Et ce n'est pas sa mort à trente-huit ans – pour Pétrarque, une simple formalité – qui empêchera cette spécialiste de l'offre et de la demande de continuer à visiter son suppôt comme de l'humilier :

> sous la forme d'une Nymphe ou bien d'une autre divinité, sortant du lit de la Sorgue à l'endroit où l'onde est la plus claire, pour venir se reposer sur la rive ; ou bien sur l'herbe fraîche foulant les fleurs comme une dame vivante, et laissant voir à son air que de moi elle s'ennuie[1].

D'évidence, l'inspecteur McPherson n'a qu'un rôle de conducteur dans l'expérience électrique proposée par le réalisateur de *La rivière sans retour*. D'évidence, c'est le

1. Pétrarque, *Canzoniere*, Paris, Gallimard, collection « Poésie », 1983, p. 218.

spectateur qui doit recevoir la charge, tomber amoureux de l'image de Laura et espérer que Gene Tierney finisse par lui apparaître, sous la forme d'une déesse ou d'une autre nymphe. La force du film d'Otto Preminger, c'est d'avoir transposé dans sa narration le *modus operandi* du cinéma lui-même, et la manière dont les stars existent en s'imposant dans l'âme des spectateurs, les obsédant et les paralysant, les faisant trembler d'amour et désirer sans espoir – réalisant ainsi sur les masses ce que les muses opéraient précédemment dans l'unité subjective des seuls poètes. Toute star est une formation de domination par la merveille. À travers le cinéma américain classique et sa manufacture de fées, la cour d'Amour se transforme en usine. Et chaque spectateur est l'ouvrier interchangeable de son adeptat.

« La rapidité des mouvements et la succession précipitée des images nous condamnent à une vision superficielle et de façon continue, disait Franz Kafka à son ami Gustav Janouch. Ce n'est pas le regard qui saisit les images, ce sont elles qui saisissent le regard. Elles submergent la conscience ». Comme Socrate lorsqu'il dresse le procès de l'écriture, l'auteur de *L'Amérique* confond le matériau brut du procédé cinématographique et la forme que peuvent lui donner ses praticiens. L'enregistrement met la vision en défaut comme l'écriture la mémoire, mais la littérature comme le cinéma travaillent cette mise en défaut comme creuset de leur élixir, établissant un large terrain de pièges, de chausse-trapes et de faux-semblants, en vue de rehausser la qualité de cette vision comme la profondeur de cette mémoire. Et, de *Nosferatu* de F. W. Murnau au *Mystérieux Docteur Korvo* d'Otto Preminger (où Gene Tierney, par réversibilité des signes, joue le rôle d'une hypnotisée), tous les grands films de cinéma ont été des entreprises de destruction du rôle de témoin galvanisé qu'avait pris son spectateur dès sa création : cette notoire passivité dans laquelle le déferlement d'images le plongeait ; cette transe comparable à celle du médium visité par des ectoplasmes comme s'il en pleuvait. Les grands films de cinéma sont ceux qui ont forcé le spectateur à regarder à l'intérieur de lui-même, dans l'espace sans dimension qui sépare l'œil de la paupière, pour montrer les fantômes de la mélancolie et du rêve que son regard, depuis toujours, portait : ces spectres foliacés que la pellicule retira de nos corps depuis son ancêtre direct, le daguerréotype, et qu'elle se mit ensuite à actionner comme les pantins tirés d'un rêve. Par eux, l'œil de la caméra devient l'œil du cauchemar. Roger Gilbert-Lecomte l'écrit :

> Le rôle véritable du cinéma devrait être par le moyen de ses diverses techniques de transposer sur l'écran toute la vie de l'esprit. Le cinéaste devrait confronter les images qu'il puise au

fond de lui-même et les images diverses qu'il projette sur l'écran jusqu'à ce que l'expérience lui donne l'intuition d'une coïncidence approchée au plus près[1].

C'est pourquoi Hollywood fut appelé l'« industrie du rêve ». Et c'est également la raison pour laquelle les poètes du vingtième siècle attendirent du cinéma qu'il soit à la hauteur de sa mission : représenter le plus concrètement possible un espace qui n'appartient pas au monde de la veille, mais à la géographie mystérieuse des rêves, des visions et des souvenirs.

Le thème musical du film d'Otto Preminger, écrit par David Raskin, est un subtil démarquage du « Sophisticated Lady » de Duke Ellington, que le cinéaste désirait originellement utiliser (Preminger réussira à faire travailler Ellington un peu plus tard, sur *Autopsie d'un meurtre*). Mélancolique et lyrique, flottant et flou, il aura une fortune encore supérieure au film. L'histoire veut que le compositeur ait commencé à l'écrire après avoir reçu une lettre de rupture de sa fiancée. Un an plus tard, Johnny Mercer ajoutera à sa chevrotante mélodie des paroles harmonieuses et brèves, qui accentuent la dimension courtoise et irréelle seulement effleurée par le film et racontent, à leur tour, presque une autre légende. C'est la légende d'une *troisième Laure*, femme-vampire

1. Gilbert-Lecomte Roger, « Le Cinéma, forme de l'esprit », in *Œuvres complètes* vol. 1, Paris, Gallimard, 1974, p. 162.

qui n'appartient pas aux dimensions de notre monde, mais aux climats pluvieux et sombres de la mémoire, de la nostalgie et des rêves :

> Laura est le visage dans la lumière brumeuse,
> Les pas que vous entendez près de l'entrée.
> Le rire qui flotte dans une nuit d'été,
> Dont le souvenir n'est pas clair.
> Et vous voyez Laura dans le train qui passe devant vous.
> Ces yeux : à quel point ils vous semblent familiers.
> Elle vous donna votre premier baiser.
> C'était Laura –
> Mais elle est seulement un rêve.

Rosemary Clooney, Miles Davis, Ella Fitzgerald, Stan Kenton, Jeanne Lee, Julie London, Frank Sinatra : l'air sera repris plus de quatre cents fois. Avec un arrangement hystérique et burlesque, Spike Jones ironisera sur la dimension hallucinatoire du récit et la personnalité du narrateur toqué. Introduite nerveusement par le violon de Stéphane Grapelli, Helen Merrill jouera sur des échos et une abyssale réverbération pour rendre lisible le caractère onirique de la passion évoquée. Accumulant les crescendos et les decrescendos, Erroll Garner perdra la mélodie dans un fouillis de notes, comme un ciel assiégé par de nouvelles étoiles. Charles Mingus lui mêlera la mélodie de « Tea for two » et alternera les moments d'humour lyrique et les dissonances tragiques, apparaissant comme des coups de dés sur le tapis du thème. Quant à Charlie Parker, il noiera carrément « Laura » dans une mer tumultueuse de cordes et de bois collants comme du miel, à travers lequel son saxophone alto d'une gracieuse et frêle virtuosité nagera un crawl de tous les diables. Toutes les reprises de « Laura » sont intéressantes. Toutes révèlent de l'interprète son intime rapport à la mémoire, à la nostalgie et au rêve. Mais c'est la version de Charlie Parker qui semble, à force de sens épique et d'insistance chevaleresque, pointer l'horizon inévitable de l'air. Car il y a de l'héroïsme à vouloir tenir haut la dimension visionnaire de l'existence. Il y a de l'héroïsme à ne pas transiger avec le fait que l'homme habite en poète sur la Terre. Il y a de l'héroïsme, enfin, à ne pas laisser un visage dans la lumière brumeuse, ou une nuit d'été dont le souvenir n'est pas clair, s'évaporer dans le Temps.

Si l'étrange feuille de route du film de Preminger alliée au visage de Gene Tierney opèrent un court-circuit historique entre la muse du poète et le *modus operandi* du vedettariat, la musique de David Raskin et les paroles de Johnny Mercer qui naissent de ce film comme l'épanouissement de sa fleur inverse prendront corps dans une quatrième muse, morte et vivante, plus de quarante ans plus tard, à l'intersection des années quatre-vingt et quatre-vingt-dix. Cette muse vivante et morte, ce sera Laura Palmer dans *Twin Peaks* : l'image d'une jeune fille de dix-sept ans, assassinée et enveloppée dans du plastique, retrouvée sur la plage auprès d'un rocher, après avoir flotté sur le lac de la ville. « Qui a tué Laura Palmer ? » sera le slogan de cette épopée : un pitch de fait-divers sordide, digne de la rubrique des chiens écrasés du pire torchon imprimé, mais calciné, lessivé et transmuté en or liquide par Mark Frost et David Lynch. David Lynch le raconte :

> Mark Frost et moi étions de train de parler chez Du Pars, le café qui se trouve au coin de Laurel Canyon et de Ventura, quand, tout à coup, nous avons eu cette vision d'un corps échoué sur les rives d'un lac[1].

Les allusions au film de Preminger seront très nombreuses dans les premiers épisodes de la série, et se disputeront à celles, déposées comme les cailloux du Petit Poucet, renvoyant à *Vertigo* d'Alfred Hitchcock. Waldo est le nom d'un mainate, Lydeker celui de son vétérinaire attitré ; le dictaphone fétiche du héros s'appelle Diane ; Jacoby, le peintre discret du portrait de *Laura*, devient le psychanalyste psychédélique, mi-reichien mi-junguien, de la ville de Twin Peaks. À la grande image de Gene Tierney devant laquelle s'endort l'enquêteur, se substituera la photographie couronnée de la jeune Laura, reine de beauté au sourire vénéneux, qui clôt la quasi-totalité des épisodes de la

1. Lynch David, *Entretiens avec Chris Rodley*, Paris, Cahiers du Cinéma, 1998, p. 122.

série. Enfin, au « C'était Laura » de la chanson de Johnny Mercer, répond le « C'était Laura » du poème de la jeune Harriet Hayward, simplet et dérangeant, lugubrement naïf, sur le piano dissonant et liquide du 8ᵉ épisode.

> C'était Laura – et je la voyais resplendir.
> Dans la forêt obscure, je la voyais sourire.
> Nous pleurions, et je la voyais rire.
> Dans notre tristesse, je la voyais danser.
> C'était Laura – vivant dans mon rêve.
>
> C'était Laura – la splendeur était la lumière.
> Son sourire voulait dire : Pleurer est bon.
> La forêt obscure était notre tristesse ; la danse, son appel.
> C'était Laura – et elle venait m'embrasser pour la dernière fois.

C'est cette image – une morte plus vivante encore que les vivants ; une assassinée qui continue à nous sourire avec insistance depuis l'au-delà – qui donnera naissance à la série *Twin Peaks*. C'est cette image qui rehaussera, par une charge intentionnelle renouvelée du médium télévisuel, les enjeux d'un amour dont ce nom et cette adresse furent autrefois tirés. Comme le hurle Donna Hayward face à la tombe sombre où repose son amie, en conclusion du 10ᵉ épisode :

> Je t'aime, Laura, mais quand tu étais vivante, la plupart du temps, toi et moi, nous essayions de résoudre tes problèmes… Et tu sais quoi ? Nous le faisons encore ! Tu es morte, Laura, mais tes problèmes continuent à nous hanter !

Conjuguant les narrations orphiques de *Laura* et de *Vertigo*, c'est en explicitant la dimension fantastique implicite des films noirs que *Twin Peaks* fera accéder le spectateur aux petits mystères de l'identité secrète de Laura Palmer comme aux grands mystères de sa transfiguration *supra*-humaine. *Twin Peaks* est une série qui « englobe le Tout », dit la Femme à la Bûche en introduction du pilote. Elle est « au-delà du Feu » et c'est l'« histoire de beaucoup ». Mais elle ne commence qu'« avec une » et cette « une qui mène à tous les autres » est Laura Palmer.

Twin Peaks est beaucoup de choses. Mais tout d'abord : le spectre de l'amour courtois ; sa revanche sur l'éradication de sa dimension initiatique dans la littérature des siècles suivants ; enfin, le retour de sa possibilité concrète à travers un usage subversif du cinéma hollywoodien classique, informé par les multiples attentes des poètes à son endroit.

*
* *

Twin Peaks est une œuvre difficile à résumer.

Du pilote et des 29 épisodes que nous possédons, diffusés par la chaîne américaine ABC entre le 8 avril 1990 et le 10 juin 1991, épisodes réalisés et scénarisés par une vingtaine de personnes différentes (Tricia Brock,

Graeme Clifford, Caleb Deschanel, Duwayne Dunham, Uli Edel, Robert Engels, James Foley, Scott Frost, Lesli Linka Glatter, Stephen Gyllenhaal, Todd Holland, Tim Hunter, Diane Keaton, Harley Peyton, Barry Pullman, Tina Rathbone, Jonathan Sanger, Jerry Stahl) mais cependant orientés par les intuitions méditées de David Lynch et la rigueur inventive de Mark Frost, on aurait du mal à en synthétiser en un paragraphe la teneur.

Le 24 février 1989, le corps de Laura Palmer (Sheryl Lee) est retrouvé sur la plage de la ville de Twin Peaks, dans l'État de Washington. Arrive alors en ville l'agent du FBI Dale Cooper (Kyle MacLachlan) qui, en compagnie du shérif Harry Truman (Michael Ontkean) et du médecin légiste Albert Rosenfield (Miguel Ferrer), va résoudre l'enquête en employant des méthodes hétérodoxes, basées sur l'intuition et la magie. L'« homme d'un autre endroit » (Michael J. Anderson), un lilliputien officiant entre les rideaux d'une pièce rouge et que Cooper rencontre en rêve dès la fin du 2e épisode, semble superviser l'émission des signes. Le supérieur hiérarchique du héros, le directeur du FBI Gordon Cole (David Lynch lui-même), apparaît plusieurs fois en ville pour épauler l'agent et l'encourager. L'affaire Laura Palmer résolue entre les 14e et 16e épisodes – le tueur est Bob (Frank Silva), un incube occupant le corps du père de Laura, Leland (Ray Wise) –, Dale Cooper est malgré lui retenu en ville. Son ancien mentor maintenant devenu fou, Wimdom Earle (Kenneth Welsh), le défie par jeu d'échecs interposé. Les intrigues, indénombrables et enchevêtrées, convergent autour de la découverte des « frontières du monde ». C'est un centre nommé Black Lodge, la « Loge noire », et situé dans la forêt de Twin Peaks, à Glastonbury Grove, au cœur d'un cercle de douze sycomores. Cette Loge s'ouvre lors d'une conjonction astrologique spéciale, « lorsque Jupiter et Saturne se rencontrent ». À la conclusion du récit, le 27 mars 1989, tentant de sauver Annie Blackburn (Heather Graham), une ancienne converse dont il est tombé amoureux, Dale Cooper pénètre dans la salle d'attente de la Loge. C'est la pièce rouge de son rêve, où il retrouve l'« homme d'un autre endroit » et subit une succession d'épreuves avant d'être incubé à son tour par Bob.

À la série succède un film, *Fire walk with me.* Il a été écrit et réalisé après la série, mais son action se situe avant. Il commence un an et neuf jours plus tôt, lors de la découverte du corps de Teresa Banks (Pamela Gidley), première victime attribuée à Bob. Il comprend l'enquête menée à Deer Meadows par les agents Chet Desmond (Chris Isaak) et Sam Stanley (Kiefer Sutherland), un épisode prophétique de la vie de Dale Cooper à Philadelphie, et les sept derniers jours de la vie de Laura Palmer. Il montre l'alliance entre les différentes forces investissant la ville de Twin Peaks par l'intermédiaire de la pièce rouge, et la présentation de leur monnaie d'échange et nourriture, le *Garmonbozia*. Enfin, il s'achève sur l'assomption céleste de Laura Palmer et la rédemption de Dale Cooper, situées toutes deux « hors du temps ».

Fire walk with me est diffusé pour la première fois à Cannes en 1992. Le film est produit par Ciby 2000, la compagnie de Francis Bouygues. Lynch monte les marches du palais, une main dans celle de sa femme, l'autre dans celle de l'acteur Michael J. Anderson. Le film s'achève sous les huées d'une bonne moitié de la salle. Les critiques en France comme aux États-Unis seront désastreuses et le film n'obtiendra de succès qu'auprès du public japonais. Les problèmes de Lynch avec l'administration télévisuelle, l'échec commercial du film, la fin de sa collaboration avec Mark Frost, la mort de plusieurs acteurs décisifs (Don S. Davis, Jack Nance, Frank Silva, Hank Worden, Ed Wright), enfin, l'entrée du cinéaste en religion sous la direction du Maharshi Mahesh Yogi, déplaisant gourou récemment décédé qui occupa naguère l'esprit des Beatles, des Beach Boys et d'Andy Kaufman, rendent particulièrement peu probable une éventuelle continuation. L'histoire de *Twin Peaks* devait, malgré quelques rumeurs insistantes concernant une reprise, s'arrêter ici.

La série *Twin Peaks* commence et s'achève sur l'image d'un miroir. Dans la première scène du pilote, c'est le miroir devant lequel se maquille Josie Packard, l'héritière de la scierie locale (jouée par l'actrice Joan Chen), alors que son beau-frère, Pete Martell (Jack Nance), s'apprête à aller pêcher, initiative qui entraîne la découverte du corps de Laura et le commencement de l'histoire. À la fin du dernier épisode, c'est le miroir de la salle de bains de la chambre d'hôtel, à travers lequel l'agent Cooper vérifie qu'il a été incubé par Bob, et contre lequel il se tape le crâne, le brisant et se blessant.

Le film *Fire walk with me*, lui, commence sur l'image d'un téléviseur cassé.

Si la série est encadrée par deux miroirs, c'est pour suggérer que le spectateur doit regarder en lui-même pour comprendre les multiples sens de ce qui lui est présenté, comme les fragments brisés de son propre visage (et il doit, si possible, revoir la série plusieurs fois). « Twin Peaks est partout, dira David Lynch lors de la sortie de *Fire walk with me*, ce n'est pas un lieu. C'est un état d'esprit. » Comme me l'avait alors écrit Annie Rouyr, en parfait accord avec C. G. Jung :

> Les miroirs font leur apparition avant la période d'individuation, au moment où le retour sur soi-même devient nécessaire – pour accéder à la totalité de l'être. Le miroir possède une signification grave et importante. On le voit au plus profond de soi-même. On se fait face. Tout le monde ne peut pas supporter

> la vue de son image. On dit : Non, je n'ai rien à voir avec cela. Mais lorsque l'on va vers la réalisation de la personnalité, l'âme nous oblige à être authentique. Le miroir ne flatte pas, il nous montre fidèlement ce qui regarde en lui, à savoir le visage que nous ne montrons jamais au monde, parce que nous le dissimulons à l'aide de la *persona*, le masque du comédien. Le miroir, lui, se trouve derrière le masque et dévoile le vrai visage. C'est la première épreuve du courage sur le chemin intérieur, épreuve qui peut effaroucher, car la rencontre avec soi-même est de ces choses désagréables auxquelles on se soustrait tant que l'on a la possibilité de projeter sur son entourage tout ce qui est négatif. Si l'on est à même de voir sa propre ombre et de supporter de savoir qu'elle existe, une petite partie de la tâche est accomplie.

Tel le prince persan des temps mythiques, dont les récits initiatiques qui nourrissent son éducation sont autant de « miroirs », le spectateur de *Twin Peaks* doit se distinguer : il doit sortir du rang et se connaître lui-même. Auréolé du *xvarnah* de la qualification, la « Lumière de Gloire » que tous les seigneurs légitimes possèdent, il doit affronter la réalité la plus déplaisante et la vaincre. Le miroir est, dans la série, le lieu épiphanique de Bob, être spirituel démoniaque incubant le corps de Leland Palmer avant de s'attaquer à celui du héros principal, ce miroir du spectateur par excellence qu'est l'agent Cooper. Et ce miroir du spectateur renvoie aux scènes produites au sein du monde surnaturel de *Twin Peaks*. C'est le monde de la « Loge noire », d'où provient Bob, et où tous les personnages croisés par le héros parlent et se déplacent à l'envers. Influencées probablement par *Orphée* de Jean Cocteau et sa sentence célèbre (« Les miroirs sont les portes par lesquelles entre la mort »), les séquences de la pièce rouge recoupent l'usage opéré par Jacques Rivette dans son cinéma des années soixante-dix (*Out 1*, *Duelle*), où les scènes à l'envers occupent un espace de rupture et de bifurcation entre les mondes matériels et spirituels. David Lynch y ajoute, dans *Twin Peaks*, la dimension légendairement cryptographique que lui a donnée la pop music dans l'hypothèse des *backward recordings*, indiquant leur funeste orientation en faisant feu de la dimension luciférienne notoirement attribuée à ces dernières : « Let's rock ».

Mais le miroir qui ouvre et ferme la série est également le signe de sa dimension introspective, une dimension qui présuppose de la part de son spectateur la compréhension instinctive d'une *langue des oiseaux*. C'est ce qu'appuie la parole de l'« homme d'un autre endroit » à Dale Cooper dans le rêve prophétique, enregistré à l'envers, du 2e épisode : « Ici les oiseaux chantent une jolie chanson ». Et cette parole est redoublée par la présence du Troglodyte de Bewick qui ouvre tous les génériques, par Waldo, le mainate assassiné de Jacques Renault, par la chanson de Julee Cruise « The Nightingale » chantée dans le pilote, ainsi que par la remarque de Cooper dans le 6e épisode, « Je n'aime pas les oiseaux », qui le met directement en porte-à-faux face au dispositif de la série et prophétise sa fin pathétique. « Les hiboux ne sont pas ce qu'ils paraissent », dit, en outre, de façon énigmatique, à l'agent Cooper l'un de ses intercesseurs spirituels, le Géant, au début du 8e épisode ; et des hiboux, dardant leur œil rouge, apparaissent systématiquement en amont de toute séquence à l'intention cryptée. Une chouette stylisée se retrouve même sur la bague émeraude de Teresa Banks, qui apparaît et disparaît de façon récurrente dans *Fire walk with me*. C'est que les hiboux sont porteurs d'une dimension symbolique, celle d'un nouveau langage à acquérir pour constituer notre regard, relatif à un niveau supérieur de conscience. La langue des oiseaux apparaît dans le Coran lorsque Salomon devient l'héritier du roi David et dit : « Ô hommes ! nous avons été instruit du langage des oiseaux et comblé de toutes choses... » On retrouvera l'expression dans le *Mantiq al-Tayr* de Farîd al-Dîn 'Attâr, chef d'œuvre de la poésie persane, mais également, en Occident, chez Cyrano de Bergerac (*Histoire comique des états et empires de la Lune*) et Fulcanelli (*Les Demeures philosophales*), toujours liée à la communication avec les états supérieurs de l'être, dont la conséquence esthétique est l'usage d'un langage poétique, rythmé, versifié, répondant au point d'équilibre entre la systole et la diastole du cœur, l'inspiration et l'expiration des poumons, le flux et le reflux de la mer, les phases de la lune et les menstrues des femmes. « Mon discours est sans parole, sans langue et sans bruit, écrit 'Attâr. Comprends-le sans esprit et entends-le sans oreille. »

Les pics jumeaux de *Twin Peaks* sont dès lors les deux miroirs, inaugural et conclusif, représentant les deux sentiers spirituels de la série : la « Loge noire » comme la langue des oiseaux. Et ces deux sentiers sont systématiquement représentés dans la série comme dans le film, où les oppositions et les polarités s'accumulent avec abondance. Ce sont les doubles des récits fantastiques : les *döppelganger.* Le mot est directement prononcé par l'« homme d'un autre endroit » dans le dernier épisode et il apparaît clairement comme un des thèmes principaux de l'ensemble de la série, directement relié à celui du miroir. « Qu'est-ce qu'un reflet dans le miroir ? » demande la Femme à la Bûche en introduction à celui-ci : « Une opportunité pour voir "deux" ? » Des *döppelganger*, il y en a dans *Twin Peaks* autant que dans l'œuvre d'Edgar Allan Poe ou dans la vie de Gérard de Nerval. Et ce n'est pas étonnant si l'on pense que leur apparition fictionnelle dans les contes et légendes d'Europe centrale s'est trouvée justifiée par l'invention du daguerréotype, dédoublant concrètement l'image de l'homme au point que Balzac lui supposait une origine spectrale, surnaturelle, et que, sur sa photographie, Nerval avait indiqué, comme un petit oracle : « Je suis l'autre ». Le cinéma démultiplie les *döppelganger* depuis *L'étudiant de Prague* de Henrik Galeen (1913), et *Twin Peaks*, comme expérience audiovisuelle à la hauteur de la mission attribuée originellement par les poètes, reproduit le fonctionnement interne du cinéma dans sa fiction même. Il y a tout d'abord la cousine de Laura Palmer, Madeleine Ferguson, jouée par la même actrice, Sheryl Lee, teinte en brune ; et Madeleine Ferguson mêle les nom et prénom des deux personnages principaux de *Vertigo*, John « Scotty » Ferguson et Madeleine Elster, comme le personnage ultérieur Thomas Eckhart mêlera les prénom et nom de la plus grande polarité du Moyen Âge : Thomas d'Aquin et Maître Eckhart. Il y a également le monde de *Twin Peaks* et celui du feuilleton télévisé que toute la ville regarde, *Invitation to love*, où une même actrice joue également deux rôles. Il y a encore la polarité représentée par les deux amoureux rivaux de Laura, Bobby et James ; celle incarnée par les esprits Bob et Mike ; celle de *l'homme de l'autre endroit* et du Géant (lui-même dédoublé par son avatar terrestre : un vieux serveur anonyme, au sujet duquel il dit : « Un et le Même ») ; le tandem mystique de la Femme à la Bûche et du Major Briggs ; celui, maffieux, des frères Horne et sa transposition canadienne, les frères Renault ; Andy et son concurrent burlesque dans le cœur de Lucy, Dick ; les deux femmes dans la vie de l'agent Cooper : Annie et Caroline. Les doubles de la série se précipitent ensuite avec un sentiment d'urgence dans *Fire walk with me* : Chet Desmond face à Dale Cooper,

Sam Stanley face à Albert Rosenfield, le shérif Cable face au shérif Trumann, Irene face à Norma, Carl Rodd face à Ben Horne. Même la ville de Deer Meadows, lieu de la première partie de *Fire walk with me*, se donne comme un double négatif de la ville de Twin Peaks. C'est une ville inverse et, pour l'agent Desmond, le lieu d'une expérience qui fait miroir à celle de l'agent Cooper dans la série : tout ce qui était confort, sensualité et délice y devient fatigue, répulsion et saleté. *Twin Peaks* est une accumulation volontaire de polarités et d'antinomies, comme si la connaissance unitive, gnostique, ne pouvait jamais avoir lieu sans passer d'abord par la découverte progressive d'opposés dans toute situation vécue, et leur annulation, propice à l'ascension du sujet à un deuxième niveau de lecture, celui-ci directement symbolique. Le hibou, c'est l'oiseau qui voyage entre le premier et le second niveau de lecture. C'est l'animal qui existe à la fois dans la nature et dans l'espace symbolique désigné par la Loge. Le hibou, c'est le miroir du spectateur. C'est *Twin Peaks*, et il nous murmure à l'oreille que « les feuilletons ne sont pas ce qu'ils paraissent » et « les télévisions sont des portes par lesquelles entre la mort ».

Si le film *Fire walk with me* commence sur l'image d'un téléviseur cassé, c'est par réaction à l'abandon du programme par la chaîne de télévision ABC, qui marque, pour Mark Frost et David Lynch, l'inachèvement brutal de ce qui y avait été commencé. Soit une télévision viscéralement poétique, et trouvant en elle-même une justification pleine et parfaite. Une télévision qui opérerait comme un miroir de la psyché du spectateur et que ce dernier puisse regarder activement comme s'il contemplait un tableau, écoutait une grande musique ou lisait un chef d'œuvre de la littérature classique. Oui : *Twin Peaks* a été assassinée brutalement par ABC comme Waldo, le mainate, par Léo Johnson d'un coup de chevrotine dans une des scènes les plus sèchement cruelles de toute la série. À cette différence près que *Twin Peaks devait échouer.* Même si ni Lynch ni Frost n'en étaient conscients, *Twin Peaks* devait être assassinée brutalement par ABC pour que le premier niveau de lecture bascule intégralement dans le second ; et pour que ses enjeux puissent être transférés dans le cœur du spectateur jusqu'à ne faire plus qu'un avec lui. Aujourd'hui, *Twin Peaks* est partout et nous sommes tous les princes qui portent son *xvarnah.*

Le sacrifice d'une œuvre d'art ne fait qu'un avec sa dimension eucharistique. À l'instar des individus morts soudain dans les accidents les plus improbables, elle met beaucoup plus de temps à quitter le monde des vivants que l'œuvre sur laquelle l'auteur a eu le temps de déposer sa touche finale ou sa signature. Les récits inachevés de Kafka, le livre absent de Mallarmé, le roman au cœur perdu de Lezama Lima, les écrits manquants de

Benjamin, les chapitres impropres à la publication des Mémoires de Schreber, les films introuvables de Welles, la discographie lacunaire de Zappa, les bandes dessinées abandonnées de Forest, enfin les corpus décharnés de Nerval, Artaud ou Gilbert-Lecomte, sont autant d'indices de l'insigne supériorité de l'inaboutissement sur son contraire dans la réception poétique d'une œuvre. Depuis bientôt vingt ans, *Twin Peaks* n'a cessé de nous obséder. Depuis bientôt vingt ans, nous avons accumulé les hypothèses ; nous nous sommes noyés dans les exégèses ; nous avons recoupé tous nos indices et relié toutes nos interrogations pour approcher au plus près les grands comme les petits mystères de la série la plus énigmatique du monde. Comme Laura Palmer, *Twin Peaks* a disparu, mais ses problèmes continuent à nous hanter. Et nous sommes tous des Donna Hayward hystériques, hurlant face à la sombre tombe où repose l'amie. *Cette tombe est celle de la télévision comme gnose de l'expérience visionnaire.*

À la fin de l'expérience inédite que représente la vision de *Twin Peaks*, le spectateur peut reprendre les mots de Dante à la fin du *Paradis*, dans son extatique ascension de la Rose éternelle :

> Tel est le géomètre attaché tout entier
> À mesurer le cercle, et qui ne peut trouver
> En pensant le principe qui manque,
> Tel j'étais moi-même à cette vue nouvelle :

Je voulais voir comment se joint
L'image au cercle, comment elle s'y noue,
Mais pour ce vol mon aile était trop faible :
Sinon qu'alors mon esprit fut frappé
Par un éclair qui vint à mon désir[1].

*
* *

En 1301, Dante Alighieri est en exil. Il a trente-six ans et quitte Rome où son entretien avec Boniface VIII s'est très mal passé. Pas étonnant : Boniface n'est pas vraiment un intellectuel. C'est un pape qui juge futiles les réflexions théologiques, s'énerve tout le temps et bouffe comme quinze pour calmer ses crises de rage. Il se déguise en empereur romain pour exercer son autorité sur les autres seigneurs, s'entoure de statues et d'images de lui-même et, lorsqu'il est de bonne humeur, avoue à ses amis qu'il ne croit ni en l'au-delà, ni à la divinité du Christ (il mourra des suites d'une énième crise de colère, deux ans plus tard, après s'être cogné de toutes ses forces la tête contre les murs du Vatican, comme Leland Palmer dans sa cellule de prison). En attendant, Dante et son gang, les Guelfes blancs, partisans d'une séparation des pouvoirs temporels et spirituels, essuient défaite sur défaite contre les Guelfes noirs,

1. Dante, *La Divine Comédie/Le Paradis*, Paris, Flammarion, 1990, p. 313.

directement affiliés à Boniface ; et la ville du poète, Florence, le condamne au bûcher pour malversation dans l'exercice d'une fonction publique, gains illicites et insoumission au pape. C'est comme une chanson des Shangri-Las : *Dante ne peut plus rentrer chez lui.* Trois ans plus tard, le poète commence à rédiger l'œuvre de sa vie, un long poème que vous connaissez sous le nom de *La Divine Comédie.*

Avec la patience d'une Parque solitaire, Dante travaille sur cette vaste tapisserie pendant dix-sept ans. Pendant dix-sept ans, faisant et défaisant l'écheveau enchevêtré de son tissage, l'homme au teint olivâtre et au capuchon rouge revoit les amis, les ennemis, les noms de l'Histoire et de la mythologie. Pendant dix-sept ans, recueilli dans les souterrains de sa pensée, il versifie les paroles que Virgile échange avec lui alors qu'ils traversent ensemble les neuf cercles de l'Enfer et gravissent les sept gradins de la montagne du Purgatoire, avançant jusqu'au point où Virgile se retire et où Dante peut enfin revoir Béatrice vivante. Et ce point est un point de décollage dans les sphères célestes, les neuf sphères concentriques du Paradis, où Dante contemple la Rose éternelle se former à travers les hiérarchies célestes, par l'Amour qui meut le ciel et les autres étoiles.

Simultanément, Dante compose deux essais : *De l'éloquence en langue vulgaire* et *Le Banquet.* Malheureusement inachevés, ils annoncent l'œuvre, et la justifient en regard des élaborations intellectuelles des siècles passés, vis-à-vis desquelles Dante décide d'opérer une transmutation radicale des forces, et une revivification de la fonction poétique. Dans *De l'éloquence en langue vulgaire*, écrit en latin, Dante appelle à une langue unitaire, constituée des différents dialectes, qui pourrait se parler, s'écrire et se lire dans l'ensemble de la péninsule italienne. Cette langue serait un « vulgaire illustre », comparée par Dante à une « panthère parfumée », mais il faut encore la créer – et « cette proie qu'on sent en tous lieux et qui n'apparaît nulle part » doit être fille de poésie. Ainsi, il défend la légitimité d'écrire sur toutes choses – non seulement l'amour, mais également la spiritualité et la politique – dans son idiome naturel, l'« italien ». Il va déjà loin, mais pas aussi loin que dans *Le Banquet*. Dans cet essai, écrit en toscan, Dante ne se contente pas d'appliquer les thèses de *De l'éloquence en langue vulgaire* en parlant de sujets nobles à travers sa « panthère parfumée ». Il y explique également – et c'est toute la nouveauté et la grandeur de son opération poétique – que, non seulement les textes sacrés, mais *également les textes profanes* doivent être compris selon des couches de significations superposées, et donc qu'une multiplicité d'interprétations est également légitime dans le cadre d'une œuvre d'art réalisée par un individu : que cet individu soit Homère, Ovide, Virgile ou encore lui-même. Et ces significations diverses, loin de se détruire ou de s'opposer, se complètent et s'harmonisent comme les éléments constitutifs d'une unique synthèse.

> Il faut savoir que les écrits peuvent être entendus et doivent être exposés principalement selon quatre sens. L'un se nomme littéral ; c'est celui qui ne va pas au-delà de la lettre des paroles fictives [...] L'autre s'appelle allégorique : c'est celui qui se cache sous le manteau de ces fables [...] Ainsi quand Ovide dit qu'Orphée adoucissait les bêtes sauvages au son de sa cithare et faisait venir à lui les arbres et les pierres : cela veut dire que le sage par le moyen de sa voix adoucit et apprivoise les cœurs cruels et meut selon sa volonté ceux qui n'ont ni science ni art [...] Le troisième sens s'appelle moral : c'est celui que les commentateurs doivent soigneusement tenter de découvrir dans les écritures, pour leur propre bénéfice et celui de leurs élèves. [...] Le quatrième sens s'appelle anagogique, c'est-à-dire sur-sens : c'est quand on expose spirituellement une écriture qui, bien que vraie au sens littéral, à travers les choses signifiées porte signification des choses supérieures à la gloire éternelle[1].

Ce que Dante implique, en défendant l'interprétation symbolique d'une œuvre d'art, c'est l'autorité spirituelle de l'opération poétique individuelle. Ce que Dante théorise, en véritable sous-marin de la turbulence profane dans les mers sacrées, c'est que *quelqu'un comme lui* puisse produire une œuvre dont la portée spirituelle soit équivalente à celle de la Bible. Et pour

1. Dante, « Banquet », in *Œuvres complètes*, Paris, Librairie Générale Française, « La Pochothèque », 1996, p. 213-214.

cela, il dégriffe et singe la théorie des quatre sens de l'écriture biblique ; il dégriffe la *lectio divina* elle-même. C'est-à-dire les quatre significations superposées de l'écriture telles que formulées par Origène – et que ce dernier disait avoir obtenu d'un rabbin très versé dans les Écritures. Il s'agit de *Peshat*, *Remez*, *Drash* et *Sod* : quatre termes qui correspondent, peu ou prou, à Littéral, Allégorique, Moral et Anagogique, et composent ensemble le *Pardès* (PRDS), un Paradis que l'homme atteint à force d'étude. Cette lecture n'est pas la lubie des seuls juifs et chrétiens. Dans l'islam, la *lectio divina* est certes transposée, mais aboutit à une quadripartition analogue :

> Il n'est point de verset coranique qui n'ait quatre sens, *écrit le Premier Imam, 'Alî ibn Abî Tâlib*, l'exotérique, l'ésotérique, la limite, le projet divin. L'exotérique est pour la récitation orale ; l'ésotérique est pour la compréhension intérieure ; la limite, ce sont les énoncés statuant le licite et l'illicite ; le projet divin, c'est ce que Dieu se propose de réaliser dans l'homme par chaque verset[1].

Lire un texte sacré, c'est déjà l'interpréter. Et l'interpréter, c'est passer d'une signification à une autre, par étapes successives, et atteindre un point où comprendre le texte et devenir Dieu ne sont plus qu'une seule et même chose. Transposée dans la poétique de

1. Tâlib Alî ibn Abî, cité par Henry Corbin, *Histoire de la philosophie islamique*, Gallimard, Paris, « Folio Essais », 1986, p. 27.

Dante, la *lectio divina* fait de chaque poème, de chaque prose, de chaque œuvre d'art un objet à la signification potentiellement infinie, et dont la lecture doit se faire la plus profonde possible pour que, à l'arrivée, l'auteur et le lecteur ne soient plus que les deux faces d'un même miroir. Dans cette traversée, Dante est au lecteur ce que Virgile est à Dante : il le guide lors de la descente aux Enfers mais le laisse accomplir seul, ensuite, l'assomption céleste. « Ô vous qui avez l'entendement sain, écrit Dante dans *L'Enfer*, voyez la doctrine qui se cache, sous le voile des vers étranges. » C'est à partir de ces quelques présupposés qu'il ira jusqu'à affirmer, dans *La Divine Comédie*, que l'art « est comme un petit-fils de Dieu ».

Une superstition moderne voudrait qu'un excès d'analyse nuise au plaisir de l'œuvre d'art. C'est une vision extrêmement réductrice du plaisir esthétique. Et une œuvre qui épuiserait sa grandeur et sa puissance dans l'épreuve de sa dissection ne serait pas d'une portée très haute. On ne perdrait honnêtement pas grand chose à l'exercice, de toute manière. Si l'on suit Dante, au contraire, le plaisir artistique est décuplé par l'immersion du spectateur (ou du lecteur, de l'auditeur) à l'intérieur de son processus créatif. La recherche des significations enchâssées dans une œuvre d'art est l'activité participante du lecteur (ou du spectateur) dont l'objectif est bien l'*assimilation* de l'œuvre d'art et de ses composantes, et sa régénération dans son propre corps. La confrontation à une œuvre d'art authentique modifie notre manière de penser, de vivre, de mouvoir notre corps dans l'espace, de percevoir l'action de nos semblables dans la vaste composition du monde. C'est ce qui sépare un modeste divertissement d'une *aventure artistique* (initiatique ou non). Mais la part de divertissement, de jeu, de plaisir, est évidemment partie intégrante de l'opération décrite : l'une n'est rien sans l'autre. C'est pourquoi une œuvre d'art qui ne procure pas également un plaisir au premier degré n'est pas non plus d'une très haute valeur. Réciproquement, si un effort pareil est exigé de son interlocuteur, le poète n'a pas le droit d'être un ahuri inspiré, un chanteur échevelé qui versifie à la diable : l'ignorance de sa culture n'est pas considérée comme cool. Dante dit encore :

> Ce serait grande honte, pour qui rimerait ainsi sous un vêtement de figure ou couleur de rhétorique, qu'interrogé ensuite il ne sache dépouiller ses paroles d'un tel vêtement, de sorte qu'elles soient vraiment entendues. Mon premier ami et moi-même connaissons nombre de gens qui riment ainsi sottement[1].

Dans *Fire walk with me*, David Lynch semble se prêter à un exercice préliminaire similaire à celui de Dante dans *Le Banquet*. Mais celui-ci ne fut pas perçu. Serait-ce que parce que son art poétique s'était si bien

1. Dante, « Vie Nouvelle », in *Œuvres complètes*, Paris, Librairie Générale Française, « La Pochothèque », 1996, p. 64.

harmonisé à la trame narrative du film que les spectateurs n'y virent, à l'instar de son titre, que du feu ? Reste qu'aucune lecture critique à ce jour de *Twin Peaks* n'a identifié ce qui faisait la signification proprement métaphysique de la première grande scène du film et la nécessité de son introduction. À savoir : la description d'une méthode d'interprétation, tacite, entre l'auteur du film et son spectateur, à travers laquelle ce dernier soit désormais en mesure de jouer un rôle actif dans le développement de la poétique de l'œuvre.

Pour appréhender ces formes et les transmettre à son spectateur, David Lynch invente alors un langage particulier, un « code », qu'il présente à travers le personnage de Gordon Cole. Gordon Cole est un personnage comique de chef du FBI sourd qu'il a décidé d'interpréter lui-même dans quelques épisodes de la série (13, 14, 25, 26), et qu'il reprend de façon beaucoup plus intense dans les premières scènes de *Fire walk with me*. Et celles-ci ne sont pas seulement importantes quant à la méthode de lecture exigée par le réalisateur du film de son spectateur dans le cadre de cette seule fiction, mais doivent raisonnablement s'étendre à l'ensemble de sa production cinématographique.

Revoyons l'ouverture du film. Après l'image d'un téléviseur explosé à l'aide d'un tomahawk et celle du corps de la première victime de Bob, Teresa Banks, flottant sur une rivière, Gordon Cole appelle l'un de ses agents,

Chet Desmond, pour l'envoyer résoudre l'enquête. Chet le rejoint sur un aéroport privé à Portland. Et là, Gordon Cole, plutôt que de révéler directement à son agent ce à quoi il va être confronté lors de son enquête, préfère lui montrer une « surprise », « quelque chose d'intéressant ». En compagnie de l'assistant que Cole lui flanque pour la résolution de son affaire, Sam Stanley, l'agent Desmond découvre la « surprise » en question. Il s'agit d'une femme aux cheveux rouges et habillée dans des vêtements d'une même couleur, Lil. C'est « la fille de la sœur de ma mère », lui précise Cole qui passe alors quatre doigts de sa main sur son visage. Lil exécute devant les agents une danse incroyablement rapide et que le spectateur, à l'instar de Sam Stanley, se voit bien en mal d'assimiler d'un bloc. Lil fait une grimace, cligne des yeux, une main fermée et l'autre dans sa poche, marchant sur place, sa robe reprisée avec un fil d'une différente couleur, et une « Rose Bleue » accrochée comme une broche sur la poitrine ; le tout à une vitesse frénétique. Puis Cole souhaite aux deux agents bonne chance et part. La scène suivante, au rythme plus lent, nous montre les deux agents récapitulant ce qu'ils viennent de voir, dans la voiture qui les mène à la ville de Deer Meadows où ils vont mener leur enquête.

— C'était quelque chose, cette fille qui danse, *commente Sam Stanley,* qu'est-ce que ça voulait dire ?
— Je vais te l'expliquer, *lui répond Chet,* tu te souviens de sa danse ? Lil faisait un visage renfrogné.

— Qu'est-ce que ça veut dire ?
— Son visage avait l'air renfrogné… Cela veut dire qu'on aura des problèmes avec les autorités locales. Elles ne seront pas très coopératives avec le FBI. Les yeux qui clignent signifient que les ennuis viendront d'en haut : les yeux des autorités locales. À mon avis, le shérif et son adjoint. Si tu te souviens, une de ses mains était dans sa poche, ce qui veut dire qu'ils cachent quelque chose, et l'autre était refermée en un poing, ce qui veut dire qu'ils seront agressifs. Lil marchait sur place, ce qui veut dire qu'on risque de piétiner. Cole a dit que Lil était « la fille de la sœur de ma mère ». Qu'est-ce qui manque dans cette phrase ? L'oncle. Pas l'oncle de Cole, mais probablement celui du shérif qui doit être dans une prison fédérale. Laisse-moi te poser une question, Stanley, tu n'as rien remarqué de spécial au sujet de la robe ?
— J'ai remarqué un fil d'une couleur différente avec lequel la robe a été reprisée.
— Gordon a dit que tu étais bon ! Le fil d'une couleur différente est notre code pour la drogue. Tu as remarqué ce qui était épinglé à la robe ?
— Une « Rose Bleue ».
— Excellent. Mais je ne peux pas te parler de ça.

Placée en ouverture du film, cette séquence se charge de prévenir d'emblée tous les spectateurs : contrairement aux mythes toujours en circulation, et découlant de la personnalité abusivement allusive, elliptique jusqu'à l'irritation, du réalisateur en interview, *il n'y a pas, il n'y a même jamais eu « rien à comprendre » aux films de David Lynch*, et encore moins à *Twin Peaks*. Ce que ses fictions nous présentent ne sont absolument pas, comme il le laisse volontiers entendre, des sensations et des visions dont il ne sait pas lui-même ce qu'elles veulent dire. Ce ne sont pas non plus de purs phénomènes esthétiques ou des jeux de surface sur le kitsch des codes cinématographiques. Quelle qu'ait été la part du rêve éveillé ou de la vision dirigée dans l'élaboration de ces différentes images mouvantes, il ne s'agit pas non plus des productions de son inconscient. Bien au contraire, à l'instar de Dante pour *La Divine Comédie*, il s'agit de la constitution d'une *poétique*, et la poétique est toujours une *communication par signes*.

C'est comme si David Lynch s'était toujours proposé de montrer *comment il avait réalisé certains de ses films*. Or, dans *Fire walk with me*, à travers le personnage de Gordon Cole, il a enfin trouvé le *modus operandi* adéquat pour le faire. Ce *modus operandi* implique une transposition de son rapport au spectateur par la présentation de la relation que Gordon Cole entretient avec les agents qu'il envoie sur le terrain. Et cette métaphore est d'une simplicité presque enfantine : Gordon Cole ne dit pas *directement* à Chet ou à Sam ce avec quoi ils auront affaire, il les *confronte* à une image mouvante, surchargée de symboles. C'est ensuite *à ses agents* d'interpréter ce qu'ils viennent de voir et de se confronter au mystère ultime de cette métaphorisation, un symbole dont la signification doit rester secrète : la « Rose bleue ».

La Rose existe dans de multiples formes et couleurs, mais les « Roses bleues » n'existent pas, dans ce monde ou dans les autres. Un poème de Rudyard Kipling l'évoque de manière sombre et désolée, décrivant un amoureux qui, pour complaire à sa belle, part en quête d'un lieu où les roses bleues fleuriraient ; alors qu'il revient bredouille, la femme aimée est déjà morte. C'est pourquoi la présence d'une « Rose bleue » à la limite de la poétique lynchéenne, renvoie de façon d'autant plus appuyée à la dimension symbolique désespérément associée à cette fleur particulière, à savoir la dimension *secrète*. Cette dimension apparaît dans l'expression latine fameuse : *sub rosa*, « sous la rose ». Elle nous provient des banquets romains. Au cours de ceux-ci, si une rose était suspendue, en hommage à Harpocrate, dieu du silence, les paroles échangées par les invités ne devaient pas être répétées. Il faut penser au motif de la Rose Éternelle chez Dante, bien sûr, qui apparaît dans le Paradis, mais aussi au *Roman de la rose* de Jean de Meung, déployant sa dimension initiatique en 1280, de même que la Fraternité de la Rose-Croix en 1614, qui associe ésotérisme et subversion, et se donne comme la reconduction, sous le sceau du secret, des principes de la Renaissance hermétique (Marsile Ficin, Pic de la Mirandole, Giulio Camillo) devenus tricards dans le monde politique à partir de la fin du XVIe siècle, la mort sur le bûcher de Giordano Bruno, accusé d'hérésie, et la répudiation de John Dee par le roi James Ier, opposé à tout qui est surnaturel. « La rose de Jean de Meung et celle de Dante sont nées sur le même rosier », écrit même Éliphas Lévi – qui soutient l'idée que *Le Roman de la rose* et *La Divine Comédie* sont « les deux formes opposées d'une même œuvre » : « la formule allégorique des grands secrets de la Société des Rose-Croix[1] » (ce qui, comme toujours chez le père de l'occultisme, est à la fois, sur la forme, totalement anachronique et, sur le fond, d'une intuition remarquable). Il y a encore cette très belle vision théophanique de Rûzbehân :

> Voici que je contemplai un Visage plus vaste que l'ensemble des Cieux, de la Terre, du Trône et du Korsî. En irradiaient les lumières de la Beauté. Il transcendait toute idée de pareil et de semblable. Cependant, je perçus sa beauté comme ayant l'aspect de la rose rouge, mais à la façon d'un monde dans un monde, comme si en effusaient des roses rouges, et je n'en voyais pas la limite. Mon cœur se souvint alors de ce propos de notre Prophète : « La rose rouge fait partie de la beauté divine »[2].

Et également le distique fameux d'Angelus Silesius : « La rose est sans pourquoi, elle fleurit parce qu'elle fleurit, n'a pour elle-même aucun soin, – ne demande pas : Suis-je regardée[3] ? » Enfin, il y a tout de même une « Rose bleue » qui précède celle de *Fire walk with*

1. Lévi Éliphas, cité par René Guénon, *L'Ésotérisme de Dante*, Paris, Gallimard, « Tradition », 1957, p. 33.
2. Rûzbehân, cité par Henry Corbin, *En Islam iranien, III, Les Fidèles d'amour / Shi'isme et Soufisme*, Paris, Gallimard, « Tel », 1972, p. 59.
3. Silesius Angelus, *Le Voyageur chérubinique*, Paris, Payot, « Rivages », 2004, p. 126.

me d'une trentaine d'années dans la culture américaine et l'annonce singulièrement. Et, comme rien de ce qui concerne le jazz ne peut décemment être étranger à l'univers de David Lynch, il y a de fortes chances pour que celle-ci ait fonctionné comme un détonateur créatif dans l'inclusion d'un tel symbole. C'est celle de Duke Ellington, dans l'album enregistré avec Rosemary Clooney : *Blue Rose*, un disque qui contient, en outre, une interprétation extraordinaire de « Sophisticated Lady », le morceau que voulait utiliser Otto Preminger pour *Laura*. Dans le morceau éponyme, la chanteuse – qui se trouve également être l'épouse de José Ferrer, l'hypnotiseur machiavélique et suave du *Mystérieux Docteur Korvo*, et la mère de Miguel Ferrer, l'agent Albert Rosenfield dans *Twin Peaks* – chante des onomatopées susceptibles de résonner étrangement aux oreilles du spectateur de la série : « Bob Be… Be Bob… Bob Bob… Be Bob… » La « Rose bleue », dans *Fire walk with me*, éclot à partir de cette vaste matière infiniment interprétable. Et celle-ci nous guide, comme en miroir, au cercle des douze sycomores qui ouvre sur la « Loge noire » de *Twin Peaks*.

Désignant une section « spéciale » du FBI entièrement consacrée à l'élucidation d'affaires impliquant un mystère surnaturel, la « Rose bleue » renvoie à l'idée d'une chevalerie théophanique interne au milieu de la police, imprégnée de principes spirituels et dévouée à une cause *supra*-humaine qui doit impérativement rester secrète.

Les références à la quête du Graal ou à la matière de Bretagne dans le dernier épisode de la série le soulignent. Lorsque le shérif désigne une partie de la forêt de Twin Peaks sous le nom de Glastonbury Grove, Dale Cooper éprouve un instant de *timor panicus* avant de commenter, encore troublé : « Glastonbury, le lieu légendaire où a été enterré le roi Arthur ». Gordon Cole, Chet Desmond, Sam Stanley, Albert Rosenfield ou Dale Cooper sont au FBI ce que la Table ronde est aux ordres de chevalerie historiques. C'est une instance mythique, une section initiatique à l'intérieur de l'institution policière, qui s'affilie volontairement au centre que désigne White Lodge, la « Loge blanche », un Pôle jamais directement visité mais plusieurs fois évoqué dans la série. Et *Twin Peaks*, à l'instar du *Conte du Graal* de Chrétien de Troyes ou de *La Divine Comédie* de Dante, est une méditation mélancolique sur l'impossibilité de recréer, en Occident, les conditions d'une liaison auprès d'un tel centre.

> Pendant assez longtemps, *écrit René Guénon*, des relations purent être maintenues dans une certaine mesure, mais seulement d'une façon cachée, par l'intermédiaire d'organisations comme celle de la *Fede Santa* ou des « Fidèles d'Amour », comme la « Massenie du Saint Graal ». [...] Ceux qui conservèrent cet esprit vivant et qui inspirèrent ces organisations sans jamais se constituer eux-mêmes en aucun groupement défini, ce furent ceux qu'on appela, d'un nom essentiellement symbolique, les

> Rose-Croix ; mais un jour vint où ces Rose-Croix eux-mêmes durent quitter l'Occident, dont les conditions étaient devenues telles que leur action ne pouvait plus s'y exercer, et, dit-on, ils se retirèrent alors en Asie, résorbés en quelque sorte vers le Centre suprême dont ils étaient comme une émanation. Pour le monde occidental, il n'y a plus de « Terre Sainte » à garder, puisque le chemin qui y conduit est entièrement perdu désormais ; combien de temps cette situation durera-t-elle encore, et faut-il même espérer que la communication pourra être rétablie tôt ou tard ?[1]

Recadrée dans la relation tissée entre Lynch et son spectateur, la « Rose bleue » est la représentation de l'œuvre d'art comme support de la revivification de la tradition hermétique. C'est une revivification pensée comme impossible (les agents du FBI envoyés par Cole sont tous impuissants face aux manifestations de la « Loge noire ») mais dont subsiste malgré tout la forme initiale du vœu. Et ce vœu implique un usage encore plus intense du secret. Par transposition de la relation entre Cole et ses agents vers celle de Lynch et ses spectateurs, l'appel à la lutte contre cette « Loge » s'adresse directement au spectateur et suppose un public déjà « initié » ; un public capable de passer au crible la moindre séquence comme s'il s'agissait du salut de son âme. Pour reprendre la terminologie de l'initiation, le spectateur inventé par *Twin Peaks* est un spectateur

1. Guénon René, *Symboles de la science sacrée*, Paris, Gallimard, « Tradition », 1962, p. 92.

« qualifié ». Et si l'artiste d'aujourd'hui n'a pas les capacités concrètes de recréer le lien entre les humains et une véritable tradition métaphysique ascendante, il peut néanmoins continuer à sensibiliser celui à qui il s'adresse à la nécessité de recréer les conditions d'une telle liaison, et surtout et avant tout, au danger réel que représente ses sempiternelles contrefaçons (la « Loge noire », lieu de dissolution et de mort). En donnant avec la « Rose bleue » une méthode pour les analyser, David Lynch transforme chacune de ses séquences en épreuve. Et, passée chaque séquence, si celle-ci n'a pas été épuisée en termes d'enchâssement symbolique et intégrée dans son énergie et son intensité, alors le tout de l'opération poétique sera manqué et il ne servira proprement à rien de regarder plus loin. Partant de la « Rose bleue » et de la nécessité impérieuse du secret, le *modus operandi* de Gordon Cole est fin comme la lame d'un rasoir. Sa discipline s'étage cependant en deux étapes successives.

a) *On ne peut pas simultanément faire quelque chose et dire qu'on est en train de le faire.* Gordon Cole est sourd. Il parle trop fort : le vice américain par excellence. L'homme du secret ne peut donc aucunement être discret. Ce qu'une séquence du 13e épisode de la série montre admirablement, officiant comme une métaphore supplémentaire de la désoccultation partielle à l'œuvre dans *Twin Peaks* : Cooper et son supérieur hiérarchique s'isolent dans un bureau pour partager un grand secret, mais la voix de Cole est si forte que tout le commissariat entend malgré tout la conversation. Ce qui justifie narrativement la personnalité allusive jusqu'à l'absurde de David Lynch en interview, et sa phrase-clé, martelée jusqu'au délire : « Il y a des choses dont on ne peut parler. » Si son rôle vis-à-vis de ses spectateurs est le même que celui de Cole vis-à-vis de ses enquêteurs, David Lynch *n'a pas le droit* de nous dire ce que ses films racontent. Il est *voué au secret.* Mais, en retour, nous *n'avons pas le droit* de ne pas les comprendre. Nous devons silencieusement les analyser jusqu'au bout.

b) *Mais ce qu'on ne peut pas dire, on doit le montrer.* Cette opération, s'échelonnant sur plusieurs stades successifs d'interprétation de ce qui est observable dans chaque scène, permet l'intégration de l'opération poétique elle-même dans le cœur du spectateur, et entraîne, de sa part, une participation plus complète à la manifestation de ce qu'il regarde. Le silence de l'artiste est la forme de transmission adéquate d'un secret inexprimable ; et il transforme ainsi le spectateur en poète. *Twin Peaks* doit être fait par tous, non par un.

C'est ainsi que *Twin Peaks* peut officier comme une échelle de Jacob, ou, à l'instar de la chanson de Led Zeppelin, comme un « escalier pour le Paradis ». Si la dimension littérale du *Pardès* est ici équivalente à la danse de Lil, la fille aux cheveux rouges, la dimension allégorique renvoie à la réalité de la situation de la ville où Chet Desmond et Sam Stanley s'apprêtent à enquêter. Si la dimension morale se situe entre les fils croisés de la drogue et de la corruption qui tissent le monde de la majeure partie des fictions de David Lynch, la « Rose bleue », elle, renvoie à la dimension anagogique, secrète, propre à la vision ascensionnelle de *Twin Peaks* et à la possibilité d'une « Loge blanche » qui unifierait les symboles disséminés dans l'œuvre.

Sans cette « Loge blanche » ni l'assomption céleste de Laura Palmer dans *Fire walk with me*, alors, en effet, les symboles véhiculés par le récit restent non reliés, et appartiennent aux « résidus psychiques » de l'art sacré. Ce sont des signes sans signification, qui ne viennent de nulle part et ne vont nulle part. Comme tels, ils donnent raison aux méchants qui ne perçoivent que du kitsch et de l'ironie dans la production de David Lynch, à ceux qui s'appuient sur son discours balisé en interview pour n'y voir que les productions de son inconscient, ou encore à ceux qui y découvrent avant tout l'omniprésence du Mal et donc la nécessaire déliaison et la dissémination irréversible de tous les signes. C'est d'ailleurs ainsi qu'il faudra l'entendre quelques années plus tard dans *Mulholland Drive*, un *Twin Peaks* désenchanté et desséché.

Mulholland Drive ne connaît que deux mondes : la Terre et l'Enfer, le deuxième monde annexant le premier aussi aisément que le royaume de France le duché d'Orléans. Dans *Mulholland Drive*, Michael J. Anderson, l'« homme d'un autre endroit », revient, mais comme chef secret d'un gouvernement occulte qui dirige la production hollywoodienne. C'est le hiératique Mr. Roque, connecté à la fois aux mafias les plus objectivement répugnantes (les frères Castigliane) et aux personnalités mythiques, renvoyant à un « traditionalisme » américain réduit à l'identité nationale et, partant, fruit d'une évidente dégénérescence métaphysique et spirituelle (le Cowboy). Anderson dirige toujours la « Loge », mais, telle une franc-maçonnerie déclinante, elle possède un sens purement et simplement affairiste. La pièce rouge, elle, est déplacée dans un théâtre de misère où toute l'activité sonore est préenregistrée : le *Silencio*. Le caractère mécanique de son rituel ne fait aucun doute, mais ne le rend pas moins dangereux. C'est au sein de ce centre, qui reproduit les rideaux de la « Loge noire », que Betty Elms, la postulante au vedettariat, est guidée par son amour pour Rita, comme Cooper est guidé dans le cercle des douze sycomores par son amour pour Annie. Là, Betty y subit un envoûtement d'une invraisemblable violence, déboîtant l'âme et le corps, bouleversant irrémédiablement toutes les conditions de son existence, et la faisant survivre dans un monde renversé où elle n'aura plus d'autre choix que de se suicider après avoir basculé dans la misère et la criminalité (et il faut nous opposer fermement à la lecture prévalente de *Mulholland Drive* qui fait de la première partie du film un rêve ou un fantasme dont la seconde présenterait la réalité ou le réveil ; au contraire, les deux parties du film sont également réelles, mais la seconde est le résultat de la « chute dans le bourbier » irréversible dont la première décrit minutieusement les sentiers renversés).

À la différence de *Mulholland Drive*, *Twin Peaks* conserve la distinction traditionnelle des trois mondes : la Terre, la « Loge blanche » (le Paradis), la « Loge noire » (l'Enfer). Et, comme dans les représentations ésotériques de l'Enfer, la « Loge noire » est située à l'intérieur de la Terre, au cœur de la forêt obscure de Twin Peaks (la forêt obscure est également le point de départ de *La Divine Comédie* et le lieu où se perdent les chevaliers de la Table ronde). La « Loge blanche », elle, n'est pas clairement localisée, et dans la série, seulement évoquée, mais la transfiguration de Laura Palmer en conclusion du film laisse apparaître une dimension verticale ascendante, là aussi nettement traditionnelle. Sans cette transfiguration finale, la « Loge blanche » pourrait tout aussi bien n'être qu'un leurre, et *Twin Peaks* ne montrerait que les formes de dissolution à l'œuvre dans le monde et l'impuissance des chevaliers à les combattre.

Par l'intermédiaire du personnage de Gordon Cole et des premières séquences de *Fire Walk with me*,

David Lynch présente à son spectateur une *Visio Divina* analogue à la dimension initiatique de la littérature selon Dante. Par l'introduction au mystère de la « Rose bleue », son travail cinématographique apparaît subséquemment comme la description d'une méthode, par laquelle le spectateur peut entrer dans l'univers de l'auteur, et se reconnaître dans le combat que, secrètement, silencieusement, il révèle. Ce combat est celui d'une « Loge blanche » introuvable contre une « Loge noire » qui a infusé l'ensemble de l'Univers. C'est un combat impossible, mais auquel le récepteur du film doit malgré tout se reconnaître inconditionnellement. Sans ce spectateur, l'auteur ne peut rien : son film est comme un livre fermé. Mais sans l'auteur, le spectateur ne sait rien. Il ne connaît ni l'adresse ni le moyen de se rendre au lieu d'un tel combat, qui est également un combat pour l'édification d'une œuvre d'art authentiquement spirituelle, une œuvre d'art qui le concerne directement. Et l'objectif de *Twin Peaks*, film et série, n'est rien d'autre que la sensibilisation du spectateur télévisuel à la possibilité d'une œuvre d'art initiatique. Sans cette sensibilisation préalable, l'œuvre elle-même est totalement incompréhensible et sa communication, impossible. Sans cette sensibilisation, le spectateur ne peut pas même comprendre l'angoisse et l'urgence de ce que l'artiste tente de lui communiquer. Il reste passif devant la réalité de cette souffrance. Il la quitte comme le dilettante quitte une salle de cinéma où, après s'être goinfré d'images, il a commencé à s'ennuyer. *Car il ne s'agit pas de voir. Il ne s'agit jamais seulement de voir. Il ne s'agit pas seulement de connaître non plus. Il s'agit de voir pour connaître. Et de connaître pour voir encore.*

2
Une certaine qualité de l'air

En 1963, Jean-Christophe Averty a trente-cinq ans. Il travaille pour l'ORTF depuis onze ans et s'apprête à diriger une émission nommée « Les raisins verts », où s'exprimera avec violence et légèreté l'esprit jarryque du pionnier de l'électronique, typifié par l'épiphanie récurrente d'un bébé en celluloïd passé au hachoir. Averty fréquente alors assidûment l'équipe de *Hara-Kiri*, et il propose au patron des éditions du Square, le professeur Choron, une séquence dans son émission. Celui-ci, qui n'est pas encore chauve, ne porte pas encore de polo rouge à manches longues, et ne se déplace pas encore accompagné de son légendaire fume-cigarette, apparaît pour la première fois à l'antenne, en costume cravate d'homme d'affaires, mais avec un regard d'une intensité peu commune, et une vision extrémiste et tragique qui le démarquera toujours de la totalité des humoristes français. Auprès d'un moniteur de télévision, le professeur Choron, marteau en main, annonce au public « un jeu bête et méchant ». Faisant face à la caméra, l'anarchiste couronné explose son téléviseur avec la gracieuse brutalité d'un acteur de kabuki. « Vous visez bien au centre, dit-il d'un ton autoritaire et saccadé. Ensuite, vous videz votre récepteur ; ensuite vous prenez un lapin blanc ; vous prenez un lapin noir ; vous prenez un grillage et vous fermez... Voilà un magnifique clapier ! »

L'image magnétique du professeur Choron détruisant le téléviseur et terminant d'en éparpiller le contenu par de rapides et secs mouvements de pied ; celle d'un moniteur se contentant désormais d'abriter une portée de lapins : par un tour inattendu, ces deux images se retrouveront toutes deux magiquement, mystérieusement réinvesties dans le cinéma de David Lynch ; tout d'abord, suite à l'annulation par ABC de la série *Twin Peaks* en 1991 ; puis en réaction au refus très net de la même chaîne, après projection du pilote, de financer le feuilleton *Mulholland Drive* en 2000.

Le récepteur explosé à l'aide d'un tomahawk ouvrira *Fire walk with me.* Après un générique voyageant dans les électrons fourmillant de l'appareil, sur un thème en do mineur interprété par une trompette mélancolique et grave, l'image sera si forte que Patrick Poivre d'Arvor ne pourra s'empêcher de demander à David Lynch, dans une interview diffusée au « Journal de 20 heures » de TF1 la veille de la sortie du film, si celui-ci « déteste la télévision » (à quoi l'intéressé répondra que l'image d'ouverture n'est pas liée à cette question mais « renvoie à l'électricité »). En outre, quand cet appareil domestique reviendra, dans *INLAND EMPIRE*, il ne diffusera plus alors qu'un unique programme. C'est un sitcom, s'éternisant jusqu'à l'absurde, où semble s'affairer une famille de lapins, répétant mécaniquement des bribes de dialogues stéréotypés, sur des rires et des applaudissements enregistrés, aussi violents que vains. Bref, si, dans *Fire walk with me*, la martialité du geste inaugural laisse encore entrevoir les possibilités non actualisées du médium, et le chagrin de devoir se résigner à ne pas les pousser plus avant, dans *INLAND EMPIRE*, l'image de la télévision n'est plus que celle d'une survivance morne, résiduelle et anxiogène. Et pourtant…

*
* *

Et pourtant, la grandeur de *Twin Peaks* tient à la puissance sans égale de la télévision. Et, pour commencer, sa temporalité propre, qui s'étale et peut atteindre une consistance presque mythique. « Twin Peaks, c'est comme l'amour, s'enthousiasmait David Lynch à l'époque de la diffusion de sa série : ça prend du temps ! » Aucun film, même le plus obsédant, ne peut aller au-delà de la durée unique de sa perception dans un espace-temps défini et subséquemment insécable. Seule une série peut infuser un temps assez long dans la vie de son spectateur pour que celui-ci vive ses allées et venues comme faisant concrètement partie de son train de vie quotidien. Seule une série peut vraiment se permettre de s'éterniser et se perdre dans des détails comme le jeune Philémon dans les lettres de l'Océan Atlantique.

> À la télévision, vous pouvez vous permettre de jouer avec les détails, plein de détails ! *disait encore David Lynch.* Les films ont une durée limitée. Se concentrer sur une miette de tarte aux cerises ou sur la fumée d'un café noir pendant que les personnages dialoguent, c'est un truc possible seulement dans les feuilletons. Je crois qu'il y a des ambiances, surtout cette ambiance d'enquête policière, de mystère, qui nécessitent un temps d'installation. À la télévision, vous pouvez tenter plein de pirouettes, explorer sans cesse les personnages, jouer avec eux. C'est comme des variations de jazz[1].

Mais ce qui fait la force d'un feuilleton télévisé contient les germes de sa plus grande faiblesse. Il s'agit de l'impossibilité de maîtriser artistiquement une matière filmique aussi étendue. Il s'agit de l'impossibilité structurelle de la couler concrètement entre les anneaux du style. La réalisation d'une série est un métier impossible, car un épisode est toujours plus long à réaliser que la durée moyenne qui le sépare de l'épisode suivant : on ne tourne ni ne monte un épisode en sept jours. Et

1. Lynch David, « Qui a tué Laura Palmer ? », entretien avec François Coignard pour le magazine *Best*, Juin 1991, p. 42.

pour ces raisons de *timing* bien compréhensibles, on ne pourra que difficilement évaluer un feuilleton télévisé sur des critères relatifs à la mise en scène, dès lors très rarement dévolue à un seul homme (*L'hôpital et ses fantômes* de Lars Von Trier est une exception troublante à cette règle). L'esthétique d'une série ressort davantage de la *direction artistique* ; une direction artistique qui tient lieu de « style » global du projet. C'est donc un style qui appartient moins à des critères plastiques, formels, objectifs, qu'à une atmosphère générale de la fiction : *une certaine qualité de l'air.* Dans une série, ce qui s'enroule entre les anneaux du style, ce n'est pas ce qui a été découpé et monté pour orienter poétiquement le regard du spectateur, mais l'environnement qui lui est présenté et les manières d'être qui y sont coordonnées. C'est ce qui rend le rôle du spectateur si important. Son regard n'est pas donné d'avance. Il doit apprendre à découper et à monter lui-même ce qui lui est présenté. Il doit travailler poétiquement la matière qui lui est généreusement fournie. C'est cette faiblesse structurelle qui fait que la série télévisée ne peut jamais exister indépendamment d'un regard qui interprète, d'un regard « artiste ». Or, ce qui fait la faiblesse d'un feuilleton télévisé devient la force de *Twin Peaks* ; du moins le long de la première partie de la série, jusqu'à la résolution de l'affaire Laura Palmer. Et ce que *Twin Peaks* invente, tirant parti de la présence du magnétoscope, devenu un outil domestique capital des années quatre-vingt, ce n'est pas tant le feuilleton fantastique de très haut niveau (*Les envahisseurs* existent déjà) ; ce n'est pas non plus le feuilleton qui se veut de la qualité même d'un film (*Le prisonnier* est un chef d'œuvre incontesté du genre) ; c'est le *feuilleton qui doit impérativement être revu.* Damon Lindelof, le scénariste de *Lost*, l'a bien saisi :

> La série télévisée qui m'a vraiment touché, c'est *Twin Peaks*, que je regardais chaque semaine avec mon père. Il enregistrait l'épisode sur son magnétoscope et on revoyait l'épisode immédiatement après sa diffusion, dans l'objectif d'assimiler tous les détails de celui-ci. L'idée qu'une émission télévisée puisse être un mystère et un jeu impliquant potentiellement des centaines de théories différentes est évidemment un précédent capital pour *Lost* (ce qui est une manière un peu chic de dire qu'on leur a piqué l'idée[1]).

Et c'est sans doute la clé de l'opération propre à *Twin Peaks* : la capacité à orienter, non seulement le moment du visionnage de l'épisode, mais encore celui où le spectateur va phosphorer, le temps d'interprétation et de spéculation qui suit sa diffusion, vie et vision se mêlant indistinctement dans cette visée nouvelle. Un film commence et s'achève dans une durée de temps limité, et demande une participation, réelle mais circonscrite, du spectateur à l'élaboration potentielle de son

1. *Damon Lindelof & Carlton Cuse talk Lost*, interview avec April McIntyre pour le site *Monsters and Critics*,http://www.monstersandcritics.com/dvd/features/article_1446242.php/Damon_Lindelof_and_Carlton_Cuse_talk_Lost

intrigue. Laura obsède le spectateur du film éponyme, mais celui-ci ne met que la moitié du film à se rendre compte que celle-ci est vivante. *Fenêtre sur cour* tient le sien en haleine par le plus extraordinaire suspens de l'histoire du cinéma, mais ce suspens cesse aussitôt le film achevé. *Opération peur* de Mario Bava, *Suspiria* ou *Inferno* de Dario Argento ouvrent sur des géographies mentales inédites, où la conscience du spectateur chavire et où ses sens s'étranglent, mais les portes de leur monde se referment au moment du générique de fin (et leur lieu mystérieux est condamné, aboli, brûlé). La semaine qui sépare la diffusion de deux épisodes successifs de *Twin Peaks* se charge par contre de la réflexion infuse du spectateur, relativement à son interprétation de ce qu'il vient de voir, intensifiant l'interprétation du récit de toutes les hypothèses qui se présentent alors à lui. Si toute série télévisée est constitutivement interactive, les meilleures d'entre elles sont celles qui ne se contentent pas d'en tirer parti, mais élaborent des propositions filmiques tout simplement impensables sans cette interactivité principielle. Elles inventent un art relatif à la nouveauté du médium qu'elles pénètrent et aux forces qu'il implique. La télévision est un territoire de guerre.

David Lynch n'a réalisé que le pilote et cinq épisodes (2, 8, 9, 14, 29) de la série. Mais, dans une généralisation massive de son style de l'époque de *Blue Velvet* (1987) et de *Wild at Heart* (1990), les plans tournés par les autres cinéastes sont composés avec une évidente fidélité à sa touche particulière. Ce sont des plans statiques, et organisés comme des tableaux vivants. Et, à la manière de ses premiers films, les points de montage sont également très peu fréquents, largement inférieurs à la moyenne. Mais cette composition n'est pas parfaitement reproduite par les réalisateurs : elle est évidemment sans cesse « dégriffée », ce qui, eu égard à la raideur de la stylisation cinématographique lynchéenne, permet à la fois une souplesse dans le rendu émotionnel de sa vision, et une extension collective de celle-ci. Dans *Twin Peaks*, Lynch n'est pas seul comme l'« enfant spatial » de David Bowie dans son cosmos personnel ; il est en pourparlers avec le monde. Et il y a une grande beauté à voir le style d'un homme se détendre concrètement, et sa nature obsessionnelle sortir de ses gonds (cadre, lumière, rythme) pour se transformer en ambiance, en atmosphère. Ce que *Twin Peaks* nous montre, c'est justement l'impasse émotionnelle que représente une vision strictement auteuriste du cinéma. Ce que *Twin Peaks* nous montre, c'est que ce qu'il y a de plus beau dans le style d'un homme aussi affirmé que Lynch, c'est paradoxalement la façon dont il arrive à être réinventé par autrui. Le swing extraordinairement fluide de *Twin Peaks* tient dans cette réappropriation d'un style par un groupe, comme un orchestre de jazz qui enchaîne les solos de cuivres pendant que le saxophone *lead* fait des ronds de cigarette en fumant. Ou comme Billie Holiday, dans un enregistrement télévisuel légendaire de 1957, s'arrêtant régulièrement de chanter sur « Fine & Mellow », pour observer les hommes de sa vie – Ben Webster, Lester Young, Vic Dickerson, Gerry Mulligan, Coleman Hawkins, Roy Eldridge – se succéder et lui « parler » par des solos extraordinaires, Lady Day réagissant à leurs offrandes par des sourires plus délicats, plus émus, plus amusés, plus confiants, plus énigmatiques et plus différenciés que ceux de Gene Tierney ou de Laura Palmer encore. Dans cette réappropriation peut apparaître une unité dans le sentiment de la justice que la série exprime autant que le jazz. *Twin Peaks* doit être fait par tous ; non par un.

Ce n'est pas tout. Pour que cette unité existe, il faut évidement des marquages très radicaux, qui distinguent le style de *Twin Peaks* de toutes les esthétiques précédentes, encadrent ses improvisations narratives, et lui tiennent lieu de *raison d'État*. C'est tout d'abord le rôle des lumières chaudes et des décors boisés, des feux de bois orange et des filtres rouges pour les intérieurs. Ensuite, ce sont des lumières froides, sombres, humides, avec des ciels glacés, pour les extérieurs. La conduite d'une esthétique aussi définie à la télévision ne va pas sans poser de très gros problèmes, en particulier au niveau du transfert du film sur vidéo pour la diffusion, mais ces problèmes nourrissent d'autant la solidarité créée entre les membres de l'équipe ; ces problèmes nourrissent d'autant leur *guerre sacrée contre le médium employé.*

Comme Michel-Ange hait le marbre qui le sépare de sa statue, les auteurs de *Twin Peaks* haïssent les contraintes esthétiques qui les séparent de leur série. La robe écarlate de Josie Packard dans le premier épisode, les cravates criardes de Ben Horne, les néons obsédants, les tartes aux cerises, enfin la pièce rouge de la « Loge noire » qui hisse toutes ces transgressions à une dimension hiératique, sont autant d'actes hérétiques, autant de défis aux normes de la fiction télévisuelle, sachant à quel point cette couleur s'écrabouille comme des mûres ou des fraises cuites sur les écrans. C'est comme si la série devait baver sur le salon du téléspectateur. Enfin, le contraste, entre les intérieurs d'une chaleur sensuelle et d'un érotisme irrésistible, et les extérieurs glacés et terrifiants, accentue une vision du monde particulière, fondée sur des contrastes et des polarités qui font vaciller la base systématiquement neutre sur lequel s'est établi l'horizon consensuel explicite du médium.

Dehors, c'est sombre, et dedans, c'est chaud. Dehors, c'est noir, et dedans, c'est rouge. Mais c'est le rouge du dedans qui contient le noir le plus noir. Et c'est le noir du dehors qui possède les qualités attribuées généralement au « monde blanc ». C'est un renversement métaphysique qui correspond évidemment à la vision dualiste, gnostique, manichéenne, que David Lynch a équitablement distribuée dans tous ses films. De *Eraserhead* (1977), qui se déroule dans une ville industrielle sombre et désolée, et dans lequel le personnage principal, Henry Spencer, doit plonger à l'intérieur de son radiateur pour découvrir un autre monde, composé comme un théâtre aux rideaux de velours sensuels, dans lequel une jeune fille aux joues énormes lui chante qu'« au paradis, tout est bien », jusqu'à *INLAND EMPIRE* (2007), où l'actrice martyre Nikki Grace tente, à son tour, de sauver une Sophia valentinienne anonyme, bloquée éternellement par un mauvais démiurge devant le sitcom anxiogène des lapins, tout le cinéma de David Lynch est une quête de ces « clés égarées de la connaissance ». C'est une quête qui l'associe rétrospectivement aux hermétistes de toutes les époques ; et une section de son autobiographie récemment publiée, *Catching the Big Fish* (traduite stupidement en français par « Mon histoire vraie »), ne laisse plus de doute à ce sujet :

> De par mes parents, je suis de confession presbytérienne. Je respecte les gens religieux, et je pense qu'ils y trouvent quelque chose de très beau, de vraiment très beau. Il y a là de la vérité. Toutefois, comme ces religions sont anciennes et qu'il est possible qu'elles aient été plus ou moins altérées, j'ai le sentiment que certaines clés originales des maîtres ont été égarées[1].

1. Lynch David, *Mon Histoire vraie*, Paris, Éditions Sonatine, 2008, p. 98.

Cependant, si les trente ans qui séparent son premier et son dernier film à l'heure actuelle montrent une cohérence parfaite dans la vision du monde représenté, ils creusent également une faille presque sismique concernant le statut de l'humanité. Car, après *Twin Peaks*, et que ce soit dans *Lost Highway* (1997), *Mulholland Drive* (2001) ou *INLAND EMPIRE* (avec la notable exception du très émouvant *The Straight Story* en 1999), ses fictions se déroulent dans un monde où ni plaisir ni sentiment ne sont désormais légitimes. L'anticosmisme lynchéen se transforme en misanthropie, son antinomisme dégénère en paranoïa. Ce n'est plus un monde où « les rouges-gorges se nourrissent de cafards » (comme dans *Blue Velvet*) et où « si tu es vraiment sauvage au cœur, alors tu te battras pour tes rêves et tu ne t'éloigneras pas de l'amour » (comme dans *Wild at Heart*). Le monde de *Lost Highway*, de *Mulholland Drive* ou de *INLAND EMPIRE*, littéralement infecté par la pornographie, la corruption, la mafia, la police, la prostitution et le Mal, est un monde où nulle beauté n'est perceptible et où nul amour profane n'a de sens. Aucun d'entre eux ne parvient plus à proposer une éthique adéquate qui puisse être tirée de ce terrible constat. Aucun d'entre eux ne parvient à proposer une possibilité d'affranchissement des conditions les plus malheureuses d'existence terrestre.

Est-ce lié au caractère presque idéal de sa création ? À la dimension collective du projet ? À l'amitié entre les membres de l'équipe et les acteurs ? Une autre caractéristique stylistique évidente de *Twin Peaks*, c'est que sa dimension mystique connaît une épiphanie permanente dans l'érotisation massive de sa représentation du quotidien. C'est une érotisation *innocente* – et il n'est pas difficile de ressentir concrètement toute la distance qui sépare une Donna Hayward ou une Shelly Johnson d'une Renée Madison ou d'une Camilla Rhodes. Ainsi, c'est tout naturellement que *Twin Peaks* retrouve l'énergie spirituelle de la Renaissance italienne, sa générosité artistique, son mélange de mélancolie, d'érotisme et de gentillesse présent sur chaque toile, chaque poème, chaque statue. *Twin Peaks* redécouvre même les principes de la philosophie hermétique forgée par Marsile Ficin pour la cour des Médicis et que les peintres, à commencer par Sandro Botticelli, porteront avec délicatesse et puissance dans leurs toiles.

> Tous les êtres vivants désirent le plaisir, *écrit Ficin*, parce qu'ils sont engendrés non seulement dans le plaisir terrestre, mais aussi par la joie céleste. Qui pourrait donc nier que les puissances divines, par une heureuse disposition, meuvent et engendrent toutes choses alors que nous voyons, tant par la nature des êtres vivants que par leur art, tout être procréé et accompli dans le plaisir ?[1]

1. Ficin Marsile, *Quid sit lumen*, Paris, Allia, 2004, p. 30.

Laura Palmer ou Annie Blackburn sont d'évidentes figures botticelliennes, aux grands rires pleins de tristesse, dont la beauté charnelle comme l'appétit sentimental et sexuel sont rendus tragiques par leur conscience aiguë du surnaturel. C'est pourquoi Serge Daney a pu dire que, dans *Twin Peaks*, tout le monde est « bandant ». On dira plus exactement que dans *Twin Peaks*, contrairement au cinéma ultérieur de David Lynch, les femmes bandantes ne sont pas nécessairement des crapules. Elles sont plus probablement des anges.

Pour Marsile Ficin, les images agissent sur l'homme dans un *espace médian*. C'est le Monde de l'Âme, situé entre le Ciel des Idées et la Terre des Corps. Et le Monde de l'Âme contient les raisons séminales correspondantes aux idées et inductibles dans les corps. De ces raisons séminales, les artistes peuvent tirer leurs images ; et si l'adéquation entre les idées et les corps est partout tractable, elle peut être captée d'autant plus aisément qu'un réceptacle sensible aura été prévu à cet effet. Ce réceptacle sensible, c'est le *symbole*, et sa magie naturelle est particulièrement destinée aux intellectuels qui risquent, par leurs incessantes recherches, dont la nature les assujettit à l'influence de la planète Saturne, de sombrer dans la dépression. Pour éviter celle-ci, les jeunes intellectuels doivent se nourrir et s'entourer de figures correspondant aux planètes de Vénus et de Jupiter. Et, toujours selon Ficin, c'est au croisement de ces trois puissances planétaires que l'art peut déployer sa dimension à la fois thérapeutique et initiatique. Sentiment de la toute-puissance de la fatalité, la mélancolie risque toujours de conduire à la soumission à l'ordre des choses existant. C'est pourquoi l'innocence érotique comme le sentiment de la justice doivent s'y associer pour produire une vision à la fois tragique et dynamique de l'humanité. Cela, tout créateur le sait d'emblée. Et, sans grande surprise, c'est au croisement des mêmes puissances astrales (« quand Jupiter et Saturne se rencontrent ») que la pièce rouge de *Twin Peaks* (dans laquelle le symbole de Vénus est omniprésent) finit également par apparaître. Or, là encore, l'épopée narrative de *Twin Peaks* (soit la recherche de la conjonction astrale adéquate pour pénétrer la « Loge noire ») métaphorise les principes esthétiques qui la constituent. Et Vénus (l'innocence érotique) donne, au croisement de Jupiter (le sentiment de la justice) et de Saturne (la mélancolie), la dynamique particulière qui offre à la série la puissance de participation populaire que, sans elle, son caractère archi-métaphysique perdrait.

Il faut également penser aux lumières principales sous-exposées sur les visages des femmes, qui tendent à les rendre irrésistiblement crémeuses. Cette érotisation de la couleur est la forme de l'amour courtois toujours présent dans la direction proposée par *Twin Peaks*. En érotisant avec abondance l'univers mystique (notoirement austère au cinéma, si l'on pense à Bresson ou à Dreyer), mais en tenant cette érotisation dans les limites mêmes de la télévision – c'est-à-dire, à la différence des films de Lynch, *sans jamais basculer dans la pornographie, implicite ou explicite* (la jeunesse supposée des personnages féminins, toutes mineures, rendant cette érotisation objectivement immorale) mais en en surhaussant la tension sans l'accomplir dans le plaisir, *Twin Peaks* implique une éthique chevaleresque que Dale Cooper comme le shérif Truman appliquent parfaitement. Les contraintes ont du bon : elles investissent le créateur d'une rythmique particulière, qui le force à redoubler d'inventivité pour y intégrer la grande chaîne de ses thématiques et se dépasser stratégiquement pour atteindre son objectif. De même que la chasteté des chevaliers, née de la contrainte, se transmue en chasteté volontaire et devient une mystique de l'érotisme, la sexualité diffuse de *Twin Peaks*, née des impératifs télévisuels, devient un nouvel art d'aimer et ouvre le spectateur à des forces mystérieuses, à des courants d'énergie magnétique qui seraient restés inaperçus dans un libre usage de la représentation du sexe. Sherilyn Fenn, dans le rôle d'Audrey Horne, incarne suprêmement cette érotisation contaminante des gestes et des humeurs : la moindre moue de son personnage comme chacun de ses changements de chaussures déplacent le contenu de la scène vers une sexualité immature, un sensualisme enivrant comme un parfum. La scène inexplicable du 7e épisode où, avec sa langue, elle noue une queue de cerise autour de son noyau, est caractéristique de la beauté dévorante que son héroïne déplace sans celle avec elle – telle, dans les romans du Graal, cette « mort suçante qui vient de la femme » et qui fait de la sexualité une puissance qui n'est pas tout à fait de notre monde.

L'érotisation restant diffuse, celle-ci se transfère également dans la nourriture, qui devient un motif stylistique majeur, à la fois sensuel et humoristique – tartes aux cerises, *doughnuts*, *mashmallows*, sandwichs au brie – et acquiert une dimension existentielle rarement représentée dans la fiction. Dans *Twin Peaks*, tout le monde mange ou s'apprête à aller manger. Michel Chion l'a bien remarqué :

> *Twin Peaks* est la première série télévisée où les personnages interrompent l'action et leurs débats pour se réjouir de la bonne odeur de l'air, de l'arôme d'un bon café ou d'une tarte aux pommes[1].

Les frères Horne, Cooper, le Major Briggs, Pete Martell, tous sont littéralement obsédés par la nourriture. La bonté de Laura apparaît dans le cadre de son opération caritative, « Meals on wheels », à travers laquelle

1. Chion Michel, *David Lynch*, Paris, Cahiers du Cinéma, « Auteurs », 2001, p. 131.

elle livre des plateaux repas aux invalides. C'est ainsi que Cooper la voit de manière médiumnique dans le film et la présente à son collègue Albert Rosenfield : « préparant de vastes quantités de nourriture ». On propose à Cooper du café lors de son passage dans la « Loge noire » ; et il n'est pas jusqu'au chewing-gum qui ne soit susceptible de devenir un signe de reconnaissance mystique. « Ce chewing-gum que tu aimes va revenir à la mode très bientôt », dit l'« homme de l'autre endroit » à Dale Cooper dans son rêve prophétique. Cette même phrase, le vieux serveur de l'hôtel la répète à Leland Palmer dans le 16e épisode, ce qui permet au héros de prendre conscience de la réalité spirituelle apparue dans son rêve. Lorsqu'ils mangent, les personnages de *Twin Peaks* participent pleinement du monde. Ils sacrifient son esthétique glacée pour intégrer son énergie chaude et sensuelle. De même, *Twin Peaks* est du « Lynch » mangé et qui doit être mangé à nouveau pour devenir, dans l'esprit du spectateur, du « Lynch » digéré. Il est en outre assez notable que, présente dans *Eraserhead* ou *Blue Velvet* mais explosant littéralement dans cet univers, la nourriture disparaît de l'univers de Lynch après *Twin Peaks*. Fred Madison ne mange pas ; Betty Elms, Camilla Rhodes ou Nikki Grace non plus. Et cette disparition révèle une perte de la foi du cinéaste en un équilibre cosmique passant par une activité humaine susceptible de relier le Ciel et la Terre. La clé spirituelle que représente l'attachement à la nourriture est directement énoncée dans le 6e épisode de *Twin Peaks*, dans une des plus belles scènes entre Cooper et le shérif Harry Trumann. Dans celle-ci, au milieu de leur dure journée, Cooper insiste pour que tous deux prennent le temps de s'offrir une tasse de café au *Double R*, le restoroute de la ville :

> Harry, je vais vous confier un secret. Chaque jour, une fois par jour, offrez-vous un cadeau. Ne le planifiez pas, ne l'attendez pas, mais laissez-le advenir. Ça peut être une nouvelle chemise, une sieste en milieu d'après-midi, ou une bonne tasse de café bien chaud.

Opéra fabuleux, *Twin Peaks* n'oublie pas que, comme disait Rimbaud, « tous les êtres ont une fatalité de bonheur » et que, sans joie, ils ne peuvent rien : c'est pourquoi la série s'attache tout autant à la sensualité des relations entre homme et femme et au délice d'un pique-nique champêtre en milieu d'après-midi qu'aux « frontières du monde » vers lesquelles, irréversiblement, elle conduit. On ne désespère jamais vraiment de notre monde tant qu'on peut encore s'émouvoir des gestes et des humeurs d'une belle jeune femme, d'une tarte aux cerises délicieuses ou d'une bonne tasse de café.

Ce qui relie le Ciel des idées de *Twin Peaks* à la Terre de ses corps n'est pas seulement la dimension sensuelle et érotique des images, c'est également la musique de

Badalamenti ; une musique qui est une forme de jazz « hérétique », simplifié et transposé dans un univers synthétique contemporain, mais sans appuyer sur la dimension répétitive, purement rythmique, prisée par l'acid jazz. Entre les accords tenus du synthétiseur de Badalamenti, la voix éthérée de Julee Cruise, une contrebasse imperturbable, un vibraphone répétitif et des sorties dissonantes de saxophone, le style participe à la fois du swing, de la dream pop (dans le genre des Cocteau Twins) et du revival années cinquante. « Il y a toujours de la musique dans l'air », dit l'« homme d'un autre endroit » à Dale Cooper dans son rêve prophétique. Cette musique, basculant régulièrement de la catégorie de musique de fosse à musique de scène (le juke-box du *Double R*, le magnétophone d'Audrey Horne, la platine de Jacques Renault) a bien le rôle de la « musique des sphères » dans la Renaissance. C'est une musique orphique qui a la capacité de vivifier le suppôt et de lui faire accéder à des états supérieurs de conscience. Marsile Ficin écrit :

> Notre esprit est en consonance avec les rayons célestes qui, occultes ou manifestes, pénètrent toutes choses. Nous pouvons le rendre plus consonant encore si nous appliquons le chant et la lumière adéquate à la divinité astrale, comme dans les hymnes d'Orphée adressés aux divinités cosmiques[1].

1. Ficin Marsile, cité par. Walker D.-P, *La Magie spirituelle et angélique*, Paris, Albin Michel, « Bibliothèque de l'hermétisme », 1988, p. 31-32.

La musique oriente le spectateur vers les moments « surnaturels » de la série. Elle les précède parfois et en conserve toujours la trace – comme le saxophone du rêve de Dale Cooper devient la signature auditive du personnage et l'annonce lors de sa première scène dans *Fire walk with me*. Elle sert aussi de référent visuel et onomastique au monde de *Twin Peaks*, et, aux Madeleine Ferguson et Thomas Eckhart de la série, succédera l'agent spécial Chet Desmond du film, joué par Chris Isaak, synthétisant les nom et prénom du plus célèbre duo du genre : Chet Baker et Paul Desmond. Dans la forêt de Twin Peaks, au centre du cercle des douze sycomores, l'autre monde lui-même est musicalement constitué. La cérémonie à travers laquelle Dale Cooper découvre les « frontières du monde », la « Loge noire », s'ouvre sur un solo de saxophone sur lequel danse l'« homme de l'autre endroit », suivi d'une *partie chantée* de Little Jimmy Scott, qui avait enterré Billie Holiday en 1959 et enterre, plus de trente ans plus tard, la plus étrange série du monde, commentant – tel le coryphée – l'action vue par les spectateurs :

Et je te vois… Et tu me vois…
Et je te vois dans les branches qui tremblent…
Dans la brise… Je te vois dans les arbres…
Sous les sycomores…

La musique dans *Twin Peaks* trouve, à nouveau, son équivalence méthodologique. C'est la direction artistique donnée par David Lynch à son feuilleton et que celui-ci n'a jamais appelée autrement que « *mood* », le terme ellingtonien par excellence. *Twin Peaks* n'est pas une œuvre d'art au sens classique du terme. *Twin Peaks* est un *mood*, c'est-à-dire la formalisation, à la fois souple et claire, non systématique mais récurrente, de la *qualité de l'air* propre à son identité fictionnelle. La découverte de la supériorité du *mood* à la maîtrise classique de l'œuvre, c'est le moment – hélas bien rare – où une œuvre d'art s'ouvre à ce qui lui est extérieur et se transforme en monde, en paysage, en respiration. Créer le plus beau monde possible revient alors pour Lynch et Frost à cuire un petit poisson. Pratiquant le non-agir, ils enseignent sans paroles, ne rejettent pas les multitudes d'êtres qui apparaissent, créent sans posséder, ne s'attachent pas à leurs œuvres, ne s'affirment pas, mais *éveillent*. « Le souple et le faible triomphent du dur et du fort » (Lao-Tseu). Anti-maîtres par excellence, Mark Frost et David Lynch ne dirigent ni *Twin Peaks,* ni leur spectateur ; tels des seigneurs taoïstes ou des musiciens de jazz, ils se contentent de leur donner un *mood* : un *conseil pour les artistes de l'avenir.*

*
* *

L'intrigue policière n'est ni première ni secondaire quant à la qualité de l'expérience sensorielle que *Twin Peaks* propose. Elle ne peut cependant se comprendre qu'en tant qu'elle est la meilleure intégration possible de l'événement visionnaire dans l'environnement du spectateur. Pendant un moment, le « show à l'intérieur du show », *Invitation to love*, sert de mise en abîme à cette narration, mais, dans un trait typiquement lynchéen, celui-ci est retiré dès que son rôle devient trop clair. *Twin Peaks* est une invitation, non à l'amour, mais à l'expérience théophanique. Il y a dans *Twin Peaks* une accumulation de symboles, ou d'objets considérés comme des conducteurs de manifestation spirituelle. Non seulement la rose, la bague, le feu, mais aussi l'échiquier, le chien noir, le journal intime, les sapins de Douglas, les lièvres d'Amérique, le pendentif de cœur brisé : ces objets servent, comme l'huile de moteur apportée par la Femme à la Bûche à l'agent Cooper dans le 29e épisode, d'« ouvertures vers le passage ». Ce sont des clés pour ouvrir la porte d'un autre monde et leur présence est indépendante de tout impératif narratif. L'articulation parfaite entre David Lynch et Mark Frost (qu'on retrouve dans l'articulation entre Dale Cooper et Harry Truman) tient à l'équilibre entre la démesure et la mesure, l'irrationnel et la raison, la vision épiphanique et la narration feuilletonesque. Elle renvoie au titre de la série : *Twin Peaks*, la dyade représentée par Mark Frost et David Lynch ; les pics jumeaux de l'ingestion et de la digestion des images.

Une des caractéristiques principales de *Twin Peaks* est la manière dont sont envisagées les interventions de l'adversaire, Bob. Bob est vu dans des rêves et des visions. Il apparaît à la croisée des miroirs, envoûte des proies singulières, mais ne s'« incarne » jamais. Il reste suspendu dans le monde des images, l'espace médian ficinien, et s'épiphanise provisoirement sur le corps de Leland Palmer lorsqu'il est vu par les yeux de ses futures victimes : Laura, Ronette Pulaski ou Madeleine Ferguson. C'est alors Bob, et non Leland Palmer, qu'elles voient lorsqu'il les viole, les violente ou les tue ; mais c'est Leland qui, matériellement, agit sur elles, nourrissant ainsi de sensations d'horreur son hôte, qui se retire une fois ses exactions commises et le laisse seul, dans la douleur et le chagrin. Sa première apparition est à travers une vision fugitive de la mère de Laura, Sarah Palmer : il se tient dans un coin de la chambre de sa fille, derrière les barreaux du lit, accroupi comme une bête camouflée.

Un élément qui n'a cessé d'intriguer les spectateurs de la série, c'est que Bob soit joué par un nonprofessionnel. Il s'agit de Frank Silva, le chef décorateur de la série. Silva mourra en 1995 du sida, annulant les derniers espoirs encore portés à l'époque par une éventuelle reprise de la série à la télévision ou par des films. Dans le documentaire *Pretty as a Picture*, réalisé à l'époque du tournage de *Lost Highway*, David Lynch raconte l'histoire de son intégration dans la narration de *Twin Peaks* :

> Frank Silva, le décorateur de plateau, travaillait alors que nous tournions une scène dans la chambre de Laura Palmer. Frank était en train de déplacer des éléments du décor, et quelqu'un a dit : « Frank, ne t'enferme pas au milieu de cette pièce. » Frank venait en effet de déplacer des meubles contre la porte de la chambre. Et je ne regardais pas dans cette direction, mais l'image de Frank à l'intérieur de cette pièce s'est imprimée de façon tangible dans mon esprit. Je me suis précipité vers Frank, et je lui ai demandé : « Frank, es-tu capable de jouer ? Es-tu acteur ? » Et il m'a répondu : « Eh bien oui. Je suis également acteur. » Je lui ai dit : « Tu vas jouer dans cette histoire. » Et il a répondu : « Fantastique. » Alors, j'ai filmé Frank caché derrière les barreaux du lit de Laura Palmer, la caméra faisant un panneau vers lui et s'arrêtant, l'image gelée, sur son regard-caméra. Je ne savais pas à quoi ce plan me servirait, je n'en avais encore aucune idée. On continuait à tourner dans la maison des Palmer cette nuit-là. On filmait les dernières images dans ce décor pour le pilote. Mme Palmer, tourmentée, sur le sofa, fumant une cigarette. Et des scènes se rejouent dans sa tête. Et soudain, elle revoit quelque chose, se relève brutalement, et hurle. Sean Doyle est le chef opérateur. Il filme la scène et l'ensemble est magnifique. Et je dis : « Fantastique. » « Non, ce n'est pas fantastique », me répond Sean Doyle. Je lui dis : « Sean, qu'est-ce qui ne va pas ? »

Il répond : « Il y a le visage de quelqu'un qui se reflète dans le miroir. » Et je lui demande : « Qui est dans le miroir ? » Et il dit : « Frank Silva est dans le miroir. » C'est à cet instant que j'ai su que Frank devait faire partie de cette scène[1].

Comprend-on alors ce qui est viscéralement en jeu dans le récit même de *Twin Peaks* ? Bob est *apparu* à David Lynch, tout comme il apparaîtra à Leland, Laura, Sarah, Maddy ou Cooper. Et ce qui vaut pour Bob vaut bien sûr pour les autres théophanies. Lynch raconte encore :

> Je me souviens qu'il faisait soudain très chaud. Duwayne Dunham, Brian Burdan et moi étions sur le point de partir. En arrivant au parking, je me suis appuyé sur une voiture – j'appuyais ma tête sur cette voiture très chaude. Mes mains étaient posées sur le toit et le métal était vraiment brûlant. Alors la pièce rouge a surgi dans mon esprit. Il y avait Michael J. Anderson et il parlait à l'envers. J'ai dit à Duwayne que j'avais une idée qu'il allait beaucoup aimer, mais que je ne pouvais pas encore en parler. Et toute la nuit, je n'ai pensé qu'à la pièce rouge[2].

Ce qui fait de *Twin Peaks* une mise en scène de l'*acte visionnaire lui-même.* Et cet acte visionnaire, ici déplacé dans l'univers télévisuel, court-circuite le nœud de la relation traditionnelle entre l'homme et le mystère divin. Un mystère qui s'épiphanise dans les formes de la

1. Lynch David, interrogé dans *Pretty as a picture, The Art of David Lynch*, documentaire réalisé par Toby Keeler (USA, 1997).
2. Lynch David, *Entretiens avec Chris Rodley*, Paris, Cahiers du Cinéma, 1998, p. 126.

nature, mais réside dans le monde de l'Âme, le « monde des formes en suspens ».

La constitution du « monde des formes en suspens » apparaît rétrospectivement comme la tâche principale à laquelle le gnostique iranien du XIIe siècle Shihâboddîn Yahya Sohravardî se sera consacré. Sa voie, nommée *hikmat al-ishrâq* (« théosophie orientale »), est une voie dans laquelle Vision et Pensée, Mystique et Gnose, sont les deux faces indissociables d'une commune opération. Et l'ishrâq suppose à la fois une pratique intellectuelle rigoureuse, formée par les péripatéticiens grecs et arabes, et une démarche spirituelle orientée vers l'assomption céleste, faisant écho aux Sages de l'Ancienne Perse (les lumières de la métaphysique sohravardienne se nourrissent ouvertement du *xvarnah* zoroastrien). Vouloir séparer l'une de l'autre, privilégier la Mystique à la Gnose ou l'inverse, équivaut ici à une mutilation de l'expérience spirituelle. Henry Corbin n'aura cessé de le répéter : ce qui caractérise l'ishrâq,

> c'est qu'elle pose comme indissociables l'une de l'autre l'étude philosophique et l'expérience spirituelle ou pratique mystique. Une recherche philosophique qui n'aboutirait pas à une réalisation spirituelle personnelle est aux yeux de Sohravardî une entreprise stérile, une perte de temps. Réciproquement, à l'encontre de tant de soufis vitupérant à la légère la connaissance comme telle, Sohravardî considère que quiconque s'engage sur la voie spirituelle sans avoir une sérieuse formation philosophique,

s'expose à tous les pièges et toutes les illusions, à tous les troubles que nous désignons aujourd'hui sous le nom de schizophrénie[1].

La question de l'origine des visions comme celle de leur lieu d'émission s'est toujours posée au sein des traditions ésotériques, l'objectif ultime étant de constituer le monde qui les rend possibles afin de pouvoir y séjourner. C'est un monde que Sohravardî baptise « monde des formes en suspens », *mothol mo'allaqa*, et qu'il place à l'intersection du monde intelligible et du monde sensible. Le monde sensible, en arabe *'âlam hissî*, est le domaine des choses matérielles, et correspond à ce que nous avons appelé précédemment la Terre des Corps. Le monde intelligible pur, *'âlam 'aqlî*, désigne celui des pures Intelligences, et trouve son analogue dans le Ciel des Idées. À l'*espace médian*, nous devons dès lors substituer le « monde des formes en suspens », aussi appelé *'âlam al-mithâl* et traduit par Corbin comme « monde imaginal ». Monde de l'Âme, il ne se contente pas de refléter les propriétés symboliques induites par Ficin ; en tant que « monde des formes en suspens », il s'agit en outre du monde dans lequel nous plongeons toutes les nuits par nos rêves ou par les projections « astrales » ; et certains – les *« pèlerins de l'esprit »* – peuvent y pénétrer en pleine conscience

1. Corbin Henry, « Prélude à Shihâboddîn Yahyâ Sohravardî », *L'Archange Empourpré, Quinze traités et récits mystiques*, Paris, Librairie Arthème Fayard, 1976, p. XVI.

et accéder ainsi à des stations supérieures, figurées par des niveaux ascendants de Lumière. Par l'existence du « monde des formes en suspens », les images produites dans l'esprit ne sont pas pensées comme immanentes à un substrat matériel : l'espace créé par leur vision est bien plutôt considéré par Sohravardî comme le miroir dans lequel elles se reflètent :

> L'impression des formes dans l'œil est impossible, de même qu'il est impossible que les formes soient imprimées dans un emplacement du cerveau. La vérité sur les formes reflétées dans les miroirs et les formes imaginatives est qu'elles ne sont pas imprimées mais que ce sont des « citadelles en suspens » qui n'ont pas de substrat. Elles ont des lieux d'épiphanie, mais ne sont pas dans ces lieux. Ainsi le miroir est-il le lieu épiphanique des formes qui y sont vues, et celles-ci sont « en suspens », non pas en un espace non plus qu'en un substrat. De même, la *phantasis* est le lieu d'épiphanie des formes de l'imagination représentative, et celles-ci sont des formes « en suspens »[1].

Enfin, c'est en prenant appui sur le « monde des formes en suspens » que l'activité participative de l'homme à la divinité peut se constituer. « C'est par cet univers que se réalisent la résurrection des corps et les apparitions divines, et que s'accomplissent toutes les promesses de la prophétie », dit encore Sohravardî. Et cette activité visionnaire se voit épaulée par une

1. Shihâboddîn Yahâ Sohravardî, *Le Livre de la sagesse orientale*, Paris, Gallimard, « Folio Essais », 2003, p. 199.

pratique interprétative continue : un *ta'wil*, disent les musulmans. Dans l'islam chiite, la pratique du *ta'wil* est l'interprétation du sens ésotérique (*bâtin*) des Révélations divines. Elle ne peut pas être séparée de la *shar'iat* (loi) dont elle est à la fois le versant mystique et l'intégration personnelle. Celui qui pratique le *ta'wil* détourne l'énoncé de son apparence extérieure (*zâhir*) pour le faire retourner à sa vérité intérieure (la *haqîqat*). C'est un ésotérique qui s'accomplit du vivant de chaque homme, pour solidifier la réalité du « monde des formes en suspens », le lieu même où s'accomplira notre résurrection « en image ». La « Loge noire » de *Twin Peaks* est une représentation, au sein de l'univers télévisuel, du « monde des formes en suspens » sous une forme pervertie. Elle en conserve les catégories de représentation, mais c'est pour en inverser la fonction. Elle correspond à l'aile enténébrée du *'âlam al-mithâl*, ou à l'autre côté du *barzakh* (l'entre-deux) que propose le monde imaginal de Sohravardî. Aux formes autonomes lumineuses, « douceurs dont jouissent les bienheureux », se substituent les formes ténébreuses, typifiant le « tourment imaginal des réprouvés ». Et la pièce rouge se donne comme l'étrange miroir du *mothol mo'allaqa* correspondant au « capitalisme comme religion » : la télévision.

⁂

Dans un fragment de 1921 nommé *Le Capitalisme comme religion*, Walter Benjamin – qui pouvait écrire que « le social, dans son état actuel, est la manifestation de puissances spectrales et démoniaques » et que « le divin ne se manifeste en elles que dans la violence révolutionnaire » – émet l'hypothèse que le capitalisme constitue en lui-même un phénomène religieux. Selon le penseur berlinois, celui-ci sert à apaiser les inquiétudes auxquelles les religions autrefois apportaient une réponse, et se développe de manière parasitaire à partir du christianisme comme un culte, et même comme le culte le plus extrême de tous. Car le capitalisme est un culte consacré, non à l'expiation, mais à la perpétuation de la faute :

> Une conscience monstrueusement coupable qui ne sait pas expier s'empare du culte, non pour y expier cette culpabilité, mais pour la rendre universelle, pour la faire entrer de force dans la conscience et, enfin et surtout, pour impliquer Dieu dans cette culpabilité, pour qu'il ait en fin de compte lui-même intérêt à l'expiation[1].

1. Benjamin Walter, « Le Capitalisme comme religion » in *Fragments*, Paris, Presses Universitaires de France, « Librairie du Collège International de Philosophie », 2001, p. 111.

Le capitalisme surplombe si parfaitement son époque que les figures les plus influentes de la modernité sont, malgré elles, complices de son triomphe : Nietzsche, dans la création du Surhomme (« premier homme qui commence à réaliser la religion capitaliste de manière consciente »), parce qu'il remplace la conversion et l'expiation par une intensification continue ; Freud, pour l'invention du refoulé : « capital sur lequel l'enfer de l'inconscient paie ses intérêts » ; enfin Marx, chez qui le capitalisme qui ne se convertit pas devient le socialisme « par l'intérêt et l'intérêt composé qui sont fonction de la faute ». Si Walter Benjamin a raison, et si le capitalisme n'est pas seulement une religion, mais la religion la plus extrême de toutes, alors la télévision est le « monde des formes en suspens » implicite de cette religion. Si les stars sont les icônes, saints et saintes de notre temps, alors les médiateurs en sont les prêtres, théologiens et exégètes. Et, pour que son caractère métaphysique ne soit jamais contrarié dans sa volonté dogmatique et totalisante, la télévision n'a pu se constituer autrement qu'en se séparant, violemment mais d'autant plus efficacement, de ses potentialités transformatrices, de ses possibles envolées transfiguratrices. Alors qu'elle était peut-être plus à même encore que le cinéma de les proposer. Alors qu'elle était peut-être plus légitime encore à les induire.

Jusqu'à la place centrale que ses moniteurs se sont attribuée dans l'architecture du salon, la télévision s'est donnée comme le miroir de l'âme collective et le lieu où coïncident le cosmos et le domestique pour chaque citoyen. Jusqu'à cette place, centrale, dans l'univers médiatique, allant jusqu'à contaminer toutes les formes de la réflexion moderne, elle s'est donnée comme la papesse incontestable du siècle. Les modifications opérées sur notre réalité par son imamat auto-institué sont indénombrables : instauration du plateau télévisé comme « lieu hors de tout lieu » et réceptacle de magie noire par excellence (avec les métaphores filées du « baptême de l'air » qui accompagnent toujours les cérémonies de première apparition, et les modifications irréversibles qu'elles créent toujours dans les individus y « passant ») ; création du débat télévisé comme tribunal populaire et lieu de distribution des sujets de société traités ensuite dans les livres ; invention de l'espèce bâtarde nommée « nouveau philosophe » dont la production n'est motivée que par la possibilité d'en faire le pitch dans les *talk-shows* ; fabrication du personnage du « chroniqueur » comme singe grimaçant de l'honnête homme et « supérieur reconnu », à la fois politologue, sociologue sauvage, critique d'art et chansonnier… Bref, jusqu'à cette place de Rose éternelle du monde de la pensée, autour de laquelle tournent tous les autres supports comme autant de satellites, la télévision s'est donnée comme le *centre névralgique de l'autoreprésentation du peuple.*

À l'instar des architectures impossibles inventées par Dario Argento dans *Suspiria* et *Inferno*, la dimension surnaturelle de la « Loge noire » de *Twin Peaks* est redoublée par une géographie qui, une fois parcourue, devient progressivement, sinistrement, illogique. Si elle apparaît dans le 2e épisode de la série, au sein du rêve prophétique de Cooper, et si les rideaux qui la symbolisent reviennent à chaque moment où le caractère surnaturel de l'intrigue est évoqué, il faut attendre le dernier épisode pour s'y retrouver projeté en compagnie de l'agent du FBI. Dans celle-ci, comme dans un talk-show, mais hissé à une dimension proprement hiératique, trois fauteuils composent le décor. Il y a celui de l'« homme d'un autre endroit », qui y préside : c'est le présentateur. Il y a celui de l'individu qui la pénètre, Dale Cooper : c'est l'invité principal. Enfin, celui de ses « amis », que l'« homme d'un autre endroit » appelle pour étoffer la soirée (Laura, le Géant, le vieux serveur) : ce sont les invités-surprise, comme dans une vulgaire émission de Michel Drucker. Il n'est pas jusqu'à la chanson de Little Jimmy Scott qui ne puisse être interprétée comme une de ces « pauses » musicales au sein d'une gigantesque émission télévisée. Cette pièce rouge est, bien sûr, au sein de *Twin Peaks*, la dimension inverse à *Twin Peaks* elle-même dans le cadre de la télévision. Elle est, à la fois, ce que la télévision devrait être : un *lieu d'épreuve*, un *lieu de connaissance* ; et ce qu'elle est : un *lieu d'envoûtement et d'empoisonnement psychique*.

Un réceptacle de magie noire, conscient et prémédité. Si la télévision est le « monde des formes en suspens » du capitalisme, *Twin Peaks* est l'ésotérique de ce monde, l'ésotérique de la télévision.

Le plateau télévisé, où se tisse la tapisserie de haine qui fait la sensibilité d'une époque, est le réceptacle de magie noire par excellence. Il l'est précisément parce que, à l'instar de la « Loge noire » de *Twin Peaks*, il n'est d'aucun lieu, mais les présuppose tous souterrainement. Il n'est « relié » à rien, se présente comme un espace imaginaire, purement artificiel, mais il s'impose cependant, par sa puissance contaminatrice, comme le « lien » lui-même entre toutes les strates de la société. À partir du plateau télévisé, le rêve de *Twin Peaks* – une télévision pourvue d'une dimension gnostique – se transforme en cauchemar : il devient l'expérience de la dissolution psychique à l'état pur. Et si, dans la « Loge noire », la table qui accompagne le fauteuil de l'invité supporte un globe évoquant Saturne, si une reproduction de la Vénus Médicis y préside, si les couloirs qui séparent chaque pièce rouge comprennent une reproduction de la Vénus de Milo (disloquant progressivement l'image de l'amour), à mesure que Cooper avance dans le labyrinthe des pièces, la géographie se fait plus simple : les fauteuils disparaissent, puis la statue de Vénus, pour ne plus contenir, enfin, qu'une table au motif du coquillage de *La naissance de Vénus* de

Botticelli, mais vidée de son épiphanie amoureuse. La télévision, c'est le « résidu psychique » de la vie. Ce que la petite sœur de *Twin Peaks*, *Lost*, dira très simplement vingt ans plus tard : ce lieu est la mort ; *this place is death*.

3

Les sentiers inversés du jardin

Dans la *Bhagavad Gîtâ*, le guerrier Arjuna se retrouve au cœur d'un conflit fratricide qui oppose les Kaurava, menés par le fielleux Duryodhana, fils du faible et indécis Dhritarâshtra, aux Pândava, armée du défunt roi Pandû, demi-frère de Dhritarâshtra. Voyant les visages familiers de ceux qu'il est appelé à combattre, le cœur manque à Arjuna, qui ne peut se résoudre à agir conformément à ce qui est attendu de lui. C'est alors que la divinité épiphanisée par Krishna se présente au guerrier et engage un dialogue pour l'encourager à retourner au combat. Pour cela, elle se présente sous la forme de l'infini, entraînant la destruction de tout ce qui est conditionné et mortel : « comme un voltage trop élevé qui a un effet foudroyant sur le circuit où il a été inséré », commente Julius Evola[1]. Krishna dit :

> Je suis le Temps qui fait périr les mondes quand est arrivée l'heure. Mon rôle est ici-bas de résorber les mondes. Sans que tu

1. Evola Julius, *Métaphysique du sexe*, Paris, Payot, « Petite Bibliothèque », 1976, p. 153.

> interviennes, ils cessent de vivre, tous ces guerriers qui se font face dans les deux armées opposées. Debout, Arjuna, saisis la gloire, abats tes ennemis et goûte enfin un règne heureux. Ils sont déjà morts de ma main, ne sois qu'un instrument, ne sois que mon bras gauche[1].

Selon Evola encore, la forme de la divinité présentée dans la *Bhagavad Gîtâ* est fidèle à l'interprétation du déroulement cyclique de la manifestation propre au tantrisme çivaïte. Pour celui-ci, deux phases se succèdent : la *pravttî-mârga* et la *nivrttî-mârga*. Dans la première, l'esprit absolu connaît la détermination et la finitude et se relie à des formes et des délimitations. Ce processus se déroule jusqu'à une limite après laquelle la direction s'inverse et la seconde phase commence. Dans celle-ci, est impitoyablement rejeté tout ce qui est fini, formé et manifesté. Brahmâ, le dieu qui crée, et Vishnou, le dieu qui conserve, dominent la *pravttî-mârga*. Mais ils s'effacent au profit de Civa lors du passage à la *nivrttî-mârga*. C'est à cette seconde phase que se rattache la *vâmâcâra*, forme destructrice et dissolvante du détachement : ce qu'on peut traduire par « Voie de la Main Gauche ». Dans la mesure où la télévision se donne comme le « monde des formes en suspens » du « capitalisme comme religion », celle-ci typifie mieux que n'importe quel autre phénomène contemporain la *nivrttî-mârga* dans ce qu'elle peut avoir d'essentiellement dissolvante et

1. *Bhagavad Gîtâ*, Paris, Arléa, « Poche-Retour aux grands textes », 2004, p. 97.

destructrice. Face à elle, *Twin Peaks* déploie une authentique « Voie de la Main Gauche », et se présente avec la radicalité du geste exigée par Krishna à Arjuna pour s'arracher aux déterminations et atteindre la délivrance. Et cette « Voie » passe par la présentation d'une Geste à la dimension initiatique renversée. C'est la Geste, triste à mourir, d'un homme bon mais guidé par des signes équivoques dans un chemin de perdition, et finalement abandonné aux forces mauvaises : Dale Cooper.

*
* *

Personnage à travers lequel les spectateurs découvrent le feuilleton et qui les guide – tel Virgile – jusqu'au dernier épisode de celui-ci, Dale Cooper est une création fictionnelle extraordinaire. Quand il arrive dans la ville de Twin Peaks, son caractère intuitif, sa douceur inhabituelle pour un agent du FBI, son style vestimentaire guindé et son humour léger, de même que son amour des sucreries, en font un personnage auquel l'identification paraît au premier abord difficile. A priori tiré de l'imagination de Mark Frost plus que de celle de son partenaire, « Dale Cooper, c'est Lynch » (M. Chion). Plus exactement, c'est Lynch *tel que Frost le voit*. C'est un renouvellement de la figure de l'enquêteur, et les méthodes irrationnelles de celui-ci en font la première incorporation du concept, forgé par C. G. Jung, de *synchronicité* au sein des techniques d'investigation policière, soit l'occurrence simultanée de deux événements ne présentant pas de lien de causalité, mais dont l'association prend un sens unifié au regard de celui qui les perçoit. Dale Cooper l'énonce de façon claire dans le 4e épisode : « Quand deux événements séparés apparaissent simultanément et rejoignent le même objet d'enquête, nous devons alors y porter la plus grande attention. »

Son usage est patent dès le 2e épisode, où Dale Cooper tente de savoir de quel « J. » parle Laura Palmer dans son journal intime en inscrivant les noms des différents personnages dont le nom commence par J. sur un tableau noir et en lançant un caillou contre un bocal en verre. Mais on retrouve des éléments de synchronicité tout le long du feuilleton, en particulier dans l'épisode 14, où le spectateur apprend l'identité du tueur de Laura. Un montage parallèle présente Leland Palmer épiphanisant Bob et assassinant sa nièce, Madeleine Ferguson, alors qu'au même moment, au *Roadhouse*, le bar local, Cooper, Truman et la Femme à la Bûche assistent à un concert de Julee Cruise. Après le décès de Madeleine, tandis que Julee Cruise chante une chanson particulièrement triste, « The World Spins », Donna Hayward explose en larmes ; Bobby Briggs, accoudé au bar, semble avoir l'intuition de l'horreur de la scène ; enfin, le vieux serveur de l'hôtel s'approche de l'agent Cooper et lui murmure : « Je suis vraiment désolé. » Aucun d'entre eux n'est conscient de la scène qui se déroule chez les Palmer (à part peut-être le vieux serveur dont l'origine reste mystérieuse) mais tous sont affectés par elle ; un affect qui apparaît clairement au spectateur sans qu'il soit jamais explicité ou justifié par la narration. La synchronicité est ici expérimentée directement par le spectateur, qui peut associer les deux événements ne connaissant pas de lien de causalité explicite. La mise en scène joue alors sur des champs émotionnels très subtils, et fait résonner une corde rarement atteinte dans les récits cinématographiques : celle de la conscience diffuse de l'influence émotionnelle d'un événement dans un périmètre étendu. Mais c'est comme si la perception de la synchronicité condamnait, rétroactivement, son sujet à la passivité de la réception. Les meurtres de Bob apparaissent comme des événements auxquels tous les personnages sont émotionnellement reliés, mais sans qu'aucun ne soit capable d'en enrayer le processus, et c'est comme si la conscience de l'événement condamnait le sujet à l'impuissance face à son déroulement, comparable seulement au silence de Perceval devant le Graal.

À cet usage de la synchronicité, *Twin Peaks* associe un vaste syncrétisme religieux et magique. On peut y croiser des éléments amérindiens, des allusions au

Tibet et au dalaï lama, des symboles astrologiques et des références à l'hypothèse extraterrestre. Mais l'influence la plus présente tout le long du récit est sans conteste celle du théosophisme et des thèmes fournis généreusement à la culture du XXe siècle par l'irremplaçable Madame Blavatsky. Les termes de « Loge blanche » et de « Loge noire » font directement écho à la « Great White Lodge » de ses écrits (le Centre initiatique à travers lequel les mahatmas lui dispensent la sagesse que celle-ci nous communique), ainsi que la référence troublante aux dugpas par Wimdom Earle dans le 27e épisode, lors d'un de ses échanges avec son suppôt, Léo Johnson : « Tu aurais apprécié les dugpas, Léo. D'anciens sorciers qui ne recherchaient rien d'autre que le Mal. Un peu comme les adorateurs de la déesse Kali, en Inde, une autre belle tripotée de rigolos, crois-moi. » Oui, par incroyable, l'ancien mentor de l'agent Cooper recycle purement et simplement les Tibétains méchants de la mythologie blavatskienne : les « capuches rouges », adeptes d'une « voie de la main gauche » que celle-ci réinvente de bout en bout et à laquelle elle attribue tous ses malheurs, et les problèmes de connexion avec les Mahatmas. Ce sont des Tibétains qui n'ont jamais existé ailleurs que dans l'esprit de la prophétesse (s'inspirant lointainement des *drukpa* du Bhoutan, sous-branche pas spécialement méchante de l'école du Phaktru-Kagyu), mais qu'on retrouvera mystérieusement incarnés dans l'œuvre poétique du dernier Artaud, toujours occupés à lui nuire :

> Il y a un point du Tibet où des moines abjects usent de potences et de treuils dans une certaine vallée qu'ils ont appelée l'Utérus de la forme humaine et où ils ont la prétention de retenir enchaînées toutes les consciences d'hommes qui veulent échapper à leur notion particulariste de l'homme, aussi bien sur le plan physique que sur le plan métaphysique, organique, intellectuel, névrotique et sensuel[1].

Enfin, Frost, après *Twin Peaks*, enchaînera avec deux romans, *La Liste des Sept* et *Les Six Messies*, où abonderont les références à la doctrine secrète de Mme Blavatsky. Tout cela est loin d'être fortuit, et fonctionne comme un index pointé sur le sens global de la fiction. L'objectif secret de *Twin Peaks* est de repérer la continuité du théosophisme dans la culture contemporaine. Redécouvert à la lumière de *Twin Peaks*, le système mystique de Mme Blavatsky est l'impensé sur lequel se structure toute la mythologie de notre temps, sa « voie de la main droite » : le New Age.

Le terme lui-même vient d'Alice Bailey, et les théosophes sont cités dans le livre fondateur de cette « ère nouvelle », *Les Enfants du Verseau* de Marilyn Ferguson. On peut voir dans toutes les allusions au théosophisme une dimension critique, insérée par Mark Frost, qui tend à

1. Artaud Antonin, « Suppôts et Supplications », in *Œuvres complètes* vol. XIV, Paris, Gallimard, 1978, p. 40.

donner un aperçu ironique de la position spiritualiste de David Lynch. De la même façon que Dale Cooper est David Lynch *vu* par Mark Frost (qui s'attribue dès lors le rôle du shérif Truman accueillant le nouveau venu dans le monde de la télévision), les références au théosophisme apparaissant au cœur de *Twin Peaks* sont une réponse frostienne au penchant syncrétiste du cinéaste californien. Car si cette « spiritualité » personnelle correspond également aux positions de Lynch et de Cooper, elle est présentée, dans *Twin Peaks*, sous sa frange la plus catastrophique. Et, à travers le récit de l'échec de l'agent Cooper, *Twin Peaks* narre l'échec du New Age comme instauration d'un nouveau régime spirituel capable de s'imposer face au « capitalisme comme religion ». Par le caractère syncrétique de sa foi (mélange de bouddhisme, de synchronicité junguienne et de confiance dans son intuition), Dale Cooper *est* le New Age même, et le monde de la « Loge noire » devient la mise en scène rigoureuse de son rapport à la spiritualité. Quant à la « pseudo-religion » de Mme Blavatsky, par les espoirs qu'elle suscite chez ses adeptes, comme par l'apathie à laquelle son système conduit, elle apparaît rétroactivement moins comme l'adversaire du « capitalisme comme religion » que comme son supplément d'âme. Par le *modus operandi* de leur apparition « en miroir », les présentateurs du médium télévisuel ne sont rien d'autre que les mahatmas du monde moderne.

Ce sont également les spectres et zombies, se déployant, de leur vivant, à partir des hommes qui se soumettent à son emprise. Et, par un extraordinaire culot, ils prétendent même être plus vivants que nous.

Dans *Twin Peaks*, la « Loge noire » est explicitement présentée comme un centre initiatique renversé, le lieu d'une pseudo-réalisation ritualisée et d'une « spiritualité à rebours » syncrétique, parodique et perverse. Comme le dernier épisode le montre, le cercle des douze sycomores propose, sous les apparences d'un accès à des états *supra*-humains, la chute irrésistible de son disciple vers la mort et les « résidus psychiques ». « J'ai embrassé le sycomore et le sycomore m'a protégé », dit Osiris N. dans le chapitre 64 du *Livre des morts égyptien*[1]. Si le sycomore africain, un figuier, était en Ancienne Égypte l'arbre initiatique par excellence – la porte d'entrée du monde des morts, un authentique arbre de vie auprès duquel on faisait des offrandes de lait, de vin ou de miel –, *Twin Peaks* lui substitue son *döppelganger*, un érable, le sycomore américano-européen fréquemment employé dans le théâtre shakespearien pour évoquer le chagrin d'amour. Ainsi, Desdemona chante dans *Othello, le Maure de Venise* :

> La pauvre âme s'assit, soupirant auprès du sycomore
> La main sur la poitrine, la tête sur les genoux,

1. *Le Livre des morts des Anciens Égyptiens*, Paris, Le Cerf, « Littératures anciennes du Proche-Orient », 1967, p. 104.

> Les ruisseaux frais coulaient vers elle, et murmuraient ses plaintes ;
> Des larmes salées coulaient de ses yeux, amollissant les pierres[1].

Dans le cercle des douze sycomores, non seulement les corps de Laura ou de Leland Palmer n'ont plus de relation réelle avec leur identité passée et servent objectivement de support visuel aux manifestations de Bob, mais, dans la façon dont on elle oriente l'agent Cooper vers elle (voix des morts, voix de l'amour), la « Loge noire » tire parti de ce qui fait le fond commun des pseudo-spiritualités de l'Occident moderne : à savoir la confusion entre les domaines spirituel et psychique, intellectuel et affectif, universel et individuel, cette confusion étant la marque de son caractère « retourné », la marque de la contre-initiation elle-même.

> Comme l'initiation, *écrit René Guénon*, sous quelque forme qu'elle se présente, est ce qui incarne véritablement l'« esprit » d'une tradition, et aussi ce qui permet la réalisation effective des états « *supra*-humains », il est évident que c'est à elle que doit s'opposer le plus directement (dans la mesure toutefois où une telle opposition est concevable) ce dont il s'agit ici, et qui tend au contraire, par tous les moyens, à entraîner les hommes vers l'« *infra*-humain » ; aussi le terme de « contre-initiation » est-il celui qui convient le mieux pour désigner ce à quoi se rattachent, dans leur ensemble et à des degrés divers (car, comme

1. Shakespeare William, « Othello, The Moor of Venice », acte IV, scène 3, in *The Works of William Shakespeare*, Londres, Studio Éditions, 1993, p. 849.

dans l'initiation encore, il y a forcément là des degrés), les agents humains par lesquels s'accomplit l'action anti-traditionnelle[1].

La contre-initiation est le sujet le plus brûlant de l'œuvre de René Guénon. Dans l'un de ses derniers livres, *Le Règne de la quantité et les signes des temps*, publié en 1945, cet auteur décrit les deux phases successives de la Modernité, analogue aux deux phases de la manifestation : à la *pravttî-mârga* correspond la phase de *solidification*, qui va du rationalisme au matérialisme ; et à la *nivrttî-mârga* correspond la phase de *dissolution*, qui comprend toutes les formes de « spiritualité à rebours », et, plus particulièrement, la psychanalyse, le théosophisme et le spiritisme. Ouvrage en tous points exemplaire et terrifiant, *Le Règne de la quantité* consacre de longs passages à cette « ère nouvelle » annoncée avec insistance depuis le commencement du vingtième siècle et que nous appelons désormais le New Age :

> Les Occidentaux, depuis longtemps déjà, ne savent plus distinguer l'« âme » et l'« esprit » (et le dualisme cartésien y est assurément pour beaucoup, puisqu'il confond en une seule et même chose tout ce qui n'est pas le corps, et que cette chose vague et mal définie y est désignée indifféremment par l'un et l'autre nom) ; aussi cette confusion se manifeste-t-elle, à chaque instant, jusque dans le langage courant ; le nom d'« esprits » donné vulgairement à des « entités » psychiques qui n'ont certes rien de « spirituel », et la dénomination même du « spiritisme » qui en

1. Guénon René, *Le Règne de la quantité et les signes des temps*, Paris, Gallimard, « Tradition », 1972, p. 188.

est dérivée, sans parler de cette autre erreur qui fait aussi appeler « esprit » ce qui n'est en réalité que le « mental » en seront ici des exemples suffisants. Il n'est que trop facile de voir les conséquences fâcheuses qui peuvent résulter d'un pareil état de choses ; propager cette confusion, surtout dans les conditions actuelles, c'est, qu'on le veuille ou non, engager des êtres à se perdre irrémédiablement dans le chaos du « monde intermédiaire », et, par là même, c'est faire, souvent inconsciemment d'ailleurs, le jeu des forces « sataniques » qui régissent ce que nous avons appelé la « contre-initiation »[1].

Voyant donc s'établir sous ce slogan d'« ère nouvelle » le monde même de la contre-initiation, Guénon révèle ce qui fait le fond commun de leur processus : la « chute dans le bourbier », opposée à la « descente aux Enfers » de l'initiation :

> Dans la « descente aux Enfers », l'être épuise définitivement certaines possibilités inférieures pour pouvoir s'élever ensuite aux états supérieurs ; dans la « chute dans le bourbier », les possibilités inférieures s'emparent au contraire de lui, le dominent et finissent par le submerger entièrement[2].

La « chute dans le bourbier » du New Age, voilà bien le miroir qu'en fin de compte, au lieu du *xvarnah* escompté, *Twin Peaks* tend à son spectateur comme à son indiscutable prince. Le remplacement du sycomore-figuier

1. *Ibid.*, p. 230.
2. *Ibid.*, p. 226.

(spirituel, ascendant) par l'érable (psychique, descendant) est l'image ironique de cette substitution.

Sans grande surprise, le thème de la contre-initiation se retrouvera intégralement reconduit dix ans plus tard dans les deux autres plus grands feuilletons de l'histoire de la télévision : *Carnivale* et *Lost*. Si *Carnivale* fait passer son spectateur par les étapes les plus douloureuses et les plus déstabilisantes du contre-adeptat du père Justin Crowe, aussi nommé « la main gauche de Dieu » (miracles terrifiants, mort des enfants protégés, errance, internement psychiatrique, tatouage de l'Arbre de Mort sur la poitrine), les cinq premières saisons de *Lost* s'enroulent autour de la « faille » trouvée par l'ennemi de Jacob, faille qui implique le parcours contre-initiatique de John Locke (tandis que les deuxième et troisième saisons se focalisaient, sur un mode mineur, sur la contre-initiation de Desmond Hume par Charles Widmore). Ceci s'explique : si la fiction épousait les contours de l'expérience initiatique, elle condamnerait son suppôt à n'en mesurer que les effets – et manquerait son but, qui est gnostique. Au contraire, en faisant éprouver au spectateur toute la puissance mobilisatrice de la contre-initiation, et en détruisant son personnage principal (dans sa représentation), *Twin Peaks*, *Carnivale* ou *Lost* permettent, par l'énergie mobilisée vainement dans l'identification au personnage principal, de dépasser ce principe de substitution, et placent le spectateur, dans la chambre secrète du cœur, face au miroir brisé lui-même. On a dit à quel point Dale Cooper semblait un personnage difficile à imposer à la télévision, tant l'identification semblait hasardeuse avec un individu aussi intuitif et excentrique. Mais la récupération de la « méthode junguienne » de Cooper par l'agent Mulder dans *X-Files* (et il n'est pas peu significatif que David Duchovny ait, avant Mulder, joué également un membre du FBI dans *Twin Peaks*, l'agent Brison) en a montré la limite : là aussi, on pouvait créer un « héros », et l'identification impossible n'attendait, en fait, qu'une redéfinition de la pratique identificatrice de spectateur pour être rendue possible. C'est pourquoi la conclusion de la série est si importante. L'idée n'était pas tant de créer un nouveau héros à travers lequel le spectateur pourrait s'identifier, que de mettre fin au système d'identification comme schème du récit romantique et de son rôle didactique dans la construction de la personnalité du spectateur. Par ce court-circuit, le spectateur accède ainsi directement aux puissances « *supra*-humaines » qui motivent la fiction mais ne s'y présentent que sous leur forme inversée (en accord avec la dimension proprement contre-initiatique de son lieu d'émission, la télévision, devenue matière de l'élixir). C'est là la « voie de la main gauche » expérimentée par *Twin Peaks*, *Carnivale* et *Lost* dans le cadre des sentiers inversés de la télévision. Ainsi, ces différents feuilletons recoupent l'intuition formulée par Antonin Artaud lorsqu'il appelait de ses vœux la création du Théâtre de la Cruauté, un théâtre susceptible de nous mettre directement en contact avec la tradition primordiale :

> Dans l'état de dégénérescence où nous sommes, c'est par la peau qu'on fera rentrer la métaphysique dans les esprits[1].

*
* *

Comme Alfred Hitchcock l'expliquait généreusement à Peter Bogdanovitch, *Fenêtre sur cour* (1954) est, purement et simplement, la mise en scène d'une idée : *montrer quelqu'un*, en l'occurrence L. B. Jeffries (James Stewart) ; *montrer ce qu'il voit*, Lisa Frémont (Grace Kelly) ou Lars Thorwald (Raymond Burr) ; *montrer comment il réagit à ce qu'il voit.* L'idée de *Fenêtre sur cour*, c'est, purement et simplement, la mise en scène du spectateur, présenté dans toute sa passivité. Passif, L. B. Jeffries l'est. Il est concrètement éclopé, et vampirisé par le désir (Lisa Frémont) comme par la fascination morbide (le meurtre perpétré par Lars Thorwald). Jeffries, comme le spectateur, est seulement capable de ressentir l'impact de l'action, incapable d'y prendre part. Et le point culminant du film a lieu

1. Artaud Antonin, « Le Théâtre et son double », in *Œuvres complètes*, vol. XIV, Paris, Gallimard, 1978, p. 95.

quand le spectateur est *lui-même* regardé par l'objet de son regard : Lars Thorwald. C'est quand ce dernier vient le chercher et le questionne. On le sait, L. B. Jeffries ne peut répondre au « pourquoi » de son geste, imploré par le meurtrier épié. Il ne le sait pas lui-même. Pourquoi a-t-il regardé ce qui se passait ? Pourquoi est-il venu chercher le meurtrier ? Qu'attend-il de lui ? *Est-ce vraiment pour que justice se fasse ? Ou le crime lui-même est-il conditionné par le voyeurisme qui l'a précédé ?* Et nous ? Pourquoi regardons-nous des films ? Est-ce pour arrêter les coupables des meurtres décrits ? Ou est-ce pour voir des crimes et, par la résolution de l'intrigue, ne pas vivre avec la mauvaise conscience de leur accomplissement ? Avec *Fenêtre sur cour*, nous délimitons l'économie classique de la représentation : tel le silencieux Perceval, le spectateur ne peut pas intervenir dans le champ du film, mais il conditionne son apparition.

Chez David Lynch, cette frontière est franchie depuis *Blue Velvet* où le spectateur, Jeffrey Beaumont (Kyle MacLachlan, futur Dale Cooper), devient acteur de ce qu'il a vu, au sein d'un rituel initiatique mené par Dorothy Valens (Isabella Rossellini) et Frank Booth (Dennis Hopper). Très vite, *le voyeur est vu* ; en l'occurrence Jeffries est repéré par Dorothy ; *le voyeur ne peut plus simplement voir, mais doit baiser avec ce qu'il voit* (Dorothy) *et frapper ce qu'il voit* (*idem*) ; *il doit enfin se faire frapper, violer, par ce qu'il voit* (Frank). Il doit *vivre ce qu'il voit dans sa chair.* C'est pourquoi, allant plus loin encore dans la série *Twin Peaks*, le spectateur est finalement abandonné par le personnage principal, « son Virgile ». Il est laissé à lui-même pour devenir enfin, s'il fait de cette solitude un lieu de transfiguration, le véritable sujet de l'œuvre.

Dale Cooper, en tant que héros dont le défaut est d'être « trop parfait » (*dixit* Audrey Horne, amoureuse éconduite), rend tous les autres imparfaits. Sa gentillesse a une limite : en tant qu'elle est excessivement *visible*, elle devient une entrave à l'accomplissement des autres. Mais cette limite ne lui appartient pas ; elle est structurelle. C'est toujours le problème du « personnage principal » dans les fictions : tous les personnages secondaires sont les faire-valoir de son récit et tendent à donner une image de l'Univers, miroir de la personnalité du lecteur ou du spectateur, comme un récit hiérarchiquement organisé, avec individus principaux, secondaires et figurants. Et les médias, en sélectionnant au sein de l'humanité personnages principaux et personnages secondaires, en mettant toute la société au diapason des vies de certains « élus » (ceux qui ont « réussi », les stars et les politiques, les Vip) reconduisent cette logique dans le domaine de la vie elle-même. Les personnages principaux des récits de fiction sont comme les stars : des formations de domination par la merveille. Observés comme modèles dans la formation de la personnalité, ce sont les plus grandes entraves à la dimension active des fictions initiatiques. C'est pourquoi les chevaliers de la Table ronde échouent, se perdent, se figent, reviennent aphasiques ou amnésiques, ou se laissent abattre avant d'avoir accompli leur tâche. Les romanciers du Moyen Âge savaient briser leur « miroir » à temps pour que le lecteur ne s'arrête pas au spectacle du prince victorieux. Avec l'incubation de Cooper, *Twin Peaks* brise à son tour tout aussi volontairement le pacte implicite de l'identification. C'est en présentant un personnage excessivement gentil au spectateur, et en faisant chuter cet être comme un damné, l'abandonnant aux « résidus psychiques » qu'il n'a su reconnaître ni affronter, que le spectateur peut ou doit être rehaussé – puisqu'il ne peut plus lui déléguer le rôle de l'initié. Et si Dale Cooper est le Virgile du spectateur dans sa descente aux Enfers, Laura Palmer est la Béatrice qui le fera atteindre la crête de sa participation et de son activité transformatrice.

Dans la série, Laura Palmer, comme Laura Hunt au début du film d'Otto Preminger, n'est qu'une image. Mais c'est une image obsédante, autour de laquelle la vie de tous les autres personnages tourne. Morte, elle est omniprésente, fait et défait les couples, oriente les vivants, en mal comme en bien. Laura mêle le principe de la *star* (dont l'image est le pivot obsessionnel de ses fans) et celui de la *muse* (qui a meilleur goût morte que vivante). Mais c'est pour, une fois redescendue dans le Temps, c'est-à-dire dans *Fire walk with me*, accomplir un véritable chemin de croix. Dans la série, Laura est une figure obsédante et impossible, obsédante parce qu'impossible. Son influence magique est si prégnante qu'on ne l'imagine pas sans une certaine cruauté de manipulatrice, tirant les ficelles des sentiments de son entourage ou de la ville. Dans le film, au contraire, c'est une jeune femme *réelle*, une adolescente au corps de femme vieillissante, bouffie par la cocaïne et les yeux rougis par la tristesse. C'est une femme dont le combat semble être continu pour triompher de ses peurs, affronter ses démons et prévenir toute personne de la suivre. *Ne pas succomber à Bob* est le cœur de ce combat, qui se joue à la fois sur Terre, et dans le « monde des formes en suspens », c'est-à-dire dans le récit, et au niveau de l'âme du spectateur.

Le nom de l'héroïne (évoquant Gene Tierney) et la présence de sa double brune (citation de Kim Novak dans *Vertigo*) explique le destin particulier du personnage. Laura est l'actrice prise dans sa dimension sacrificielle : elle participe de l'initiation du spectateur, et s'imprime dans sa vision intérieure moins pour l'annexer que pour l'aider à sortir du « monde des formes en suspens » inversé de la télévision ainsi que pour forger celui de son âme, essentiel à sa divinisation. À la différence de Dale Cooper qui, comme Leland Palmer, refuse de voir le démon que le miroir lui montre, Laura affronte chacune de ses pulsions et en triomphe. Même sa mort est une victoire contre l'imminence de la contamination. C'est parce qu'à la différence de Dale Cooper, Laura n'est pas « parfaite ». La perfection est une qualité que la mort lui attribue mais que sa vie affronte à chaque instant. Mais ce qu'elle tente de contrer avant tout, c'est le désir d'identification qu'elle rencontre à travers sa meilleure amie, Donna Hayward : « Ne porte jamais mes vêtements ! Je t'aime mais je ne veux pas que tu sois comme moi. » Car l'autre nom de Bob, c'est l'identification au modèle extérieur pour combattre la peur de son chaos intérieur, le repliement sur une identité factice, la fabrication de l'unité intérieure en doublure du corps de l'autre et qui ne fait qu'un avec la peur d'une destruction par l'extérieur. Tout personnage de film vise avant tout au désir d'identification chez les seconds rôles, pour que celui-ci se répercute sur les spectateurs. C'est toujours le rôle des personnages secondaires, des *témoins*, dans le genre du docteur Watson face à Holmes, que de filtrer l'identification pour diffuser l'admiration. Or, cette forme – si elle est employée dans la série à travers la relation du shérif à l'agent Cooper, est refusée par Laura Palmer dans un geste qui, il faut bien le dire, a le sens d'une *éthique*. Et cette éthique se transfère dans la relation de la star au fan. Laura, ce n'est pas seulement l'actrice. Ce n'est pas seulement la puissance résiduelle de l'image, la muse comme *Qlippoth* de l'événement amoureux. C'est encore sa rédemption sacrificielle par le récit. C'est encore la façon dont une image change de sens lorsque le temps qu'elle s'oriente différemment . L'image finale du film – Laura rejointe par Cooper et assistant à l'apparition de l'Ange – redouble la certitude d'être en face d'un authentique récit visionnaire. Mais cela est le domaine du Grand Secret. Et il faut s'accorder avec Gene Tierney lorsque celle-ci, pendant l'élaboration de son autobiographie, coupant court à une interprétation de *Laura* qui l'aurait menée trop loin, s'exclame soudain : « Pousser plus loin l'analyse serait aussi vain que de tenter d'expliquer l'air ou la lumière. »

4
Quelque chose doit craquer

… Et le ciel se retira alors comme un programme qui cesse d'émettre.

On ne fait pas impunément l'ésotérique de la télévision. On ne se confronte pas impunément au réceptacle de magie noire le plus puissant de son époque comme ça, en passant, comme si de rien n'était, sans y laisser quelques plumes, le cœur de son cœur ou l'amour de sa vie, basculé sur l'aile enténébrée de l'Ange… L'art est dangereux.

Si la dernière image de *Fire walk with me* est celle de la transfiguration de Laura Palmer, le dernier mot prononcé est et reste *Garmonbozia*, un mot imaginaire, le seul de toute l'épopée. Il est alors sous-titré à l'image : *douleur et chagrin*. Le *Garmonbozia*, c'est la monnaie de la « Loge » : c'est ce que Bob doit puiser dans le cœur de ses victimes pour le donner à son « opposé », Mike, et à leur « supérieur » : l'« homme d'un autre endroit ». La douleur et le chagrin nourrissent les agents du centre contre-initiatique. Et c'est sans surprise que nous apprenons, malgré la parousie finale du film, que Lynch sortira complètement abattu d'une œuvre dont il était si fier. Les critiques seront désastreuses ; les entrées au cinéma peu nombreuses ; l'histoire s'arrêtera là. Mais surtout, rien ne sera jamais plus pareil. Du style de l'artiste à ses conditions de réception, tout sera triste désormais. « Le vrai Dale Cooper est dans la Loge et il ne peut pas sortir », dira, depuis le futur jamais réalisé de la série, Annie Blackburn, dans un rêve prophétique de Laura Palmer. Une phrase qui s'adresse moins à elle qu'à nous, et qui nous rappelle au destin de notre miroir.

C'est que, comme Lynch le fait répéter à ses personnages dans *INLAND EMPIRE*, magie ou pas, « toute action a des conséquences. » Ce n'est pas seulement Sarah ou Laura Palmer qui ont vu Bob leur apparaître, en épiphanie, sur le corps d'un tiers, c'est David Lynch lui-même, hallucinant l'esprit du mal sur un modeste décorateur de plateau. Ce n'est pas seulement Dale Cooper qui a été confronté à la « Loge noire », depuis le monde de l'âme, c'est encore David Lynch, voyant Michael J. Anderson lui parler à l'envers alors qu'il avait la tête plaquée contre le métal d'une voiture brûlante. Ce n'est pas seulement Dale Cooper qui a suivi son intuition dans une enquête qui, une fois dépassée, s'est transformée en quête des « coulisses du monde », c'est toujours David Lynch, avançant pas à pas dans les chemins contre-initiatiques de la télévision comme

« monde des formes en suspens » du capitalisme pour en produire l'ésotérique par une « voie de la main gauche » appropriée, se croyant temporairement protégé par ses croyances syncrétiques et sa foi New Age (mais aussi sa profonde gentillesse, sa délicieuse humanité, son aspiration permanente à la bonté, son incapacité charmante à blesser qui que ce soit : ce qui ne suffit pas, ce qui ne suffit *jamais*). Enfin, ce n'est pas seulement Dale Cooper qui s'est retrouvé bloqué dans la « Loge noire », c'est David Lynch, succombant aux forces qu'il a imprudemment déchaînées. Et les films qui suivent *Twin Peaks* ne sont dès lors plus de David Lynch. Ils ne le sont pas plus que Leland est responsable de ses actes, ou que Cooper est encore Cooper une fois passé par le centre contre-initiatique de la « Loge noire », mais son double. *Lost Highway*, *Mulholland Drive* ou *INLAND EMPIRE* devraient être signés par Bob. Le vrai Lynch est dans la Loge et il ne peut pas sortir.

Pour être allé plus loin que quiconque dans la poésie absolue avec *Les Illuminations* et pour avoir terminé trafiquant, le visage brûlé, la jambe tranchée, avec un esprit de boutiquier, Arthur Rimbaud avait été, selon André Suarès, tel un Paul McCartney, *remplacé* : « On lui voit corps, note Suarès, mais il n'a plus d'âme. » Cinq années mystérieuses séparent le Rimbaud des *Illuminations* (dont il remet le manuscrit à Verlaine à Stuttgart en 1875) de celui qui s'installe comme contremaître des trieuses de café de la compagnie Bardey à Aden en août 1880. Ces cinq années, marquées de voyages et d'errances, le voient changer *physiquement* aux yeux des rares proches qui ont l'occasion de le rencontrer. On note sa longue barbe blonde, sa peau tannée couleur de vieux cuir, sa parole plus brève, son refus de s'entretenir de poésie. Sa correspondance se fait plus sèche, « objective », notant patiemment les sommes gagnées, et parfois mal orthographiée – fait étrange pour un ancien élève surdoué. Et Suarès de spéculer :

> On se demande s'il n'a pas eu un sosie, un compagnon intime, qui l'aurait assassiné dans un de ses voyages, à Hambourg ou à Stockholm : ce moment de la vie de Rimbaud est le plus obscur : point de lettres ; ses amis de Paris ne le voient plus. Il vagabonde du nord au sud. […] Un compagnon, son confident de toutes les heures, un Verlaine d'un nouveau genre, le tue et le dépouille, lui prend tout et jusqu'à son écriture ; il se substitue à lui. Mais s'il peut dérober même la main, il ne peut la pensée. Le génie lui échappe. Et le grand silence commence[1].

Quatre années séparent le Lynch de *Fire walk with me* de celui de *Lost Highway*. Quatre années qui le voient maigrir, s'émacier, se remettre à fumer, ses cheveux tourner au blanc, ses films omettre de présenter de *vastes quantités de nourriture* et ses images, cesser de se formaliser sur des plans tableaux où l'érotisme innocent se

1. Suarès André, « Le Mystère », in *Portraits et Préférences*, Paris, Gallimard, 1991, p. 296.

mêle au sentiment de la justice et à l'amitié pour tous les êtres. Quatre années qui entraînent l'artiste vers des conclusions irrémédiablement noires, infernales, tristes à mourir. Quatre années qui transforment sa personnalité publique, lui ajoutent une main droite tremblante, un discours offensivement spiritualiste, néo-hippie, un combat permanent pour la méditation transcendantale, les armées du monde remplacées par des boucliers psychiques tirés d'un mystérieux champ de conscience unifiée, des *puram* pour son gourou, et la paix dans le monde comme cerise sur un gâteau dont il ne reste que des miettes.

C'est ce qui arrive lorsqu'on outrepasse artistiquement l'humain. Tous les artistes, un jour ou l'autre, se confrontent à leur limite. Un jour ou l'autre, ils se confrontent au démon de leur génie, à leur double à l'aile ténébreuse, aux Archontes du destin.

Les gnostiques distinguaient deux sujets différents pour chaque homme : un être mutilé, le sujet humain, qui disparaît dans le temps, s'évapore dans la poussière des jours, et un « être de lumière » qui coexiste avec le précédent, et participe par essence à la divinité. Dans l'*Évangile selon Thomas* retrouvé à Nag Hammâdi en 1945 mais datant probablement du second siècle de notre ère, Jésus-Christ l'appelle l'« image ». Rimbaud, se faisant « fils du Soleil », avait réintégré son « image », son identité divine dans le temps. Il vivait dans un état de connaissance dans lequel fin et commencement s'annulent et toutes les antinomies s'abolissent. Mais cet état est une fracture avec l'ordre du monde, et le démiurge interdit cette réappropriation auquel chaque gnostique, à sa manière, tente d'accéder avec l'aide de sa propre lumière, qu'il dérobe à l'image de la mauvaise divinité… Tout homme atteignant publiquement, visiblement, la divinité, est consécutivement anéanti par les armées du dieu mauvais. Voilà pourquoi les logions de l'Évangile gnostique conseillent à l'homme de connaissance de masquer sa lumière : « Soyez passant. » Ou, comme le chantera David Bowie dans une anamnèse gnostico-rimbaldienne sur *Outside* : « Don't tell God your plans. » La gnose est aussi dangereuse que l'art. Lui faisant part de cette analyse des deux Rimbaud, Patricia Rousseau m'avait écrit alors, dans un mail que j'ai précieusement conservé :

> J'en suis venue à me poser la question : pourquoi Rimbaud et pas Lynch ? La réponse rationnelle est irrationnelle : il y a forcément un mausolée de la paix qui sert de porte à la loge. Le premier Lynch a suivi l'itinéraire de Cooper et rejoint Laura. *Mulholland Drive et INLAND EMPIRE* ne doivent être vus que comme des épiphénomènes de cette histoire-là. Conjurons la malédiction des rongeurs, l'œuvre globale de Lynch s'inscrit dans *Twin Peaks*. Lynch est juste passé de l'autre côté.

La fille du radiateur de *Eraserhead*, le rouge-gorge de *Blue Velvet*, la bonne sorcière de l'Est de *Wild at*

Heart ont la même fonction que le chérubin archétype qui clôt *Fire walk with me.* Ils viennent *épiphaniser* le monde qui a été traversé par le spectateur et *transfigurer* la réalité dont ils sont les miroirs. La fille du radiateur est à Henry Spencer ce que le film *Eraserhead* est à son spectateur : observée dans un espace secret, elle exprime un message de délivrance et d'arrachement aux délimitations passant par la fin du cycle des naissances (les avortons écrasés) et la découverte de la folie maléfique du démiurge. « Pourquoi y a-t-il des hommes comme Franck ? Pourquoi y a-t-il tant de problèmes dans ce monde ? » demande Jeffrey Beaumont dans un moment d'exaspération au cœur de *Blue Velvet.* Mais le rouge-gorge de la conclusion se nourrit de la violence parasitaire de Franck Booth pour grandir l'expérience du jeune guerrier Jeffrey et lui faire acquérir le *xvarnah* de la qualification. Il vient montrer que *Blue Velvet* n'est rien d'autre qu'un « miroir » du spectateur. Enfin, la bonne sorcière de l'Est de *Wild at Heart* incarne la réversibilité de la malédiction qui plane sur les héros du film, Sailor et Lula. Leur malédiction est de vivre dans l'ombre de mythologies tutélaires : Elvis pour Sailor, *Le Magicien d'Oz* pour Lula. Si la Mauvaise Sorcière de l'Ouest du *Magicien d'Oz* traverse tous les périples de Lula Fortune, s'en nourrissant machiavéliquement, Elvis est l'horizon inatteignable de Sailor Ripley, qui s'entête à vivre dans un rêve des années cinquante et ne comprend pas – pas plus que Lula – la violence réelle du monde des années quatre-vingt dans lequel il est plongé. Son *némesis*, Bobby Peru, ancien Marine, avec son visage de Clark Gable vérolé, le professeur 00 Spool, et ses allusions à Toto, le chien de Dorothy, les confrontent au pourrissement avancé de leurs idéaux. Mais la Bonne Sorcière du Nord rééquilibre la fonction destructrice de l'imaginaire. D'un baiser, elle montre que les fictions peuvent également avoir une fonction authentiquement spirituelle. La bonne sorcière est à Sailor ce que *Wild at Heart* est au spectateur – et si celui-ci est profondément amoureux des images, qui orientent ses rêves, alors il devra à son tour se battre pour les défendre et incarner leur vérité aux yeux du monde. *Twin Peaks* clôt cette tétralogie des intercesseurs. La série vient révéler le symbolisé dont les images précédentes sont les symbolisantes. Mais on ne peut filmer l'Ange-Miroir qu'une fois et c'est l'instant où il se détourne de nous. La fonction théophanique du cinéma de David Lynch s'achève avec *Fire walk with me.*

Dans l'avant-dernier épisode de *Twin Peaks*, Audrey Horne déclare : « Quand une chose à laquelle vous tenez est en danger, vous devez vous battre jusqu'à la mort pour la sauver, ou accepter de la perdre à tout jamais. » David Lynch l'a dit : il était passionnément amoureux de l'univers qu'il avait créé ou contribué à créer. Il était passionnément amoureux de *Twin Peaks* et de Laura Palmer. Tous les miroirs de l'art sont fragmentés. Tous s'éparpillent en symbolisants dont le symbolisé échappe perpétuellement à notre vigilance. Mais aucun d'entre eux ne reflète autant le visage de David Lynch que la ville invisible de *Twin Peaks* dont il aura confié la réalisation à une quinzaine de personnes différentes en leur léguant, moins un cahier des charges, qu'un *mood*, une tonalité générale exprimée par un non-agir bienveillant. C'était trop tôt ou trop tard ; en tout cas, très imprudent. Après le 16e épisode, la série déclina considérablement, basculant dans des sous-intrigues inutiles, avant d'être rehaussée *en dernière instance* par un dernier épisode d'une splendeur magnétique et d'une violence çivaïte : « comme un voltage trop élevé qui a un effet foudroyant sur le circuit où il a été inséré ». C'était trop tard ou trop tôt, et ABC n'en voulait plus ou pas encore. *Twin Peaks* hors antenne, David Lynch ne s'est pas plus résigné à l'abandonner que Cooper n'aurait laissé Annie seule dans le cercle des douze sycomores. Il a cherché un espace favorable pour le perpétuer et l'a trouvé dans la compagnie de Francis Bouygues, Ciby 2000. Le film a très mal marché. Et Bouygues est mort et *Twin Peaks* était, telle Eurydice, deux fois perdue. À la fin de son chemin de dépression, Lynch deviendra le porte-parole perpétuel de la méditation transcendantale, qu'il prétendra pratiquer depuis 1974... Mais c'est la destruction du monde de *Twin Peaks* qui explique cette soif de salut chez Lynch : son désir désespéré de faire le bien, son énergie de missionnaire. Et, comme toujours, le désir de faire le bien provient d'un profond sentiment de culpabilité. David Lynch s'est battu, mais il ne s'est pas battu jusqu'à la mort pour *Twin Peaks*. Et *Twin Peaks* s'est retourné contre lui. *Twin Peaks* l'a abandonné et lui a laissé son ombre, *Mulholland Drive* : un monde détourné et renversé, voué aux puissances de mort et de destruction. En entrant dans la « Loge noire » avec une détermination imparfaite, David Lynch a suivi son agent du FBI préféré, et le double que lui avait attribué cet envoûteur malgré lui de Mark Frost. Mark Frost a été à David Lynch ce que Rita a été à Betty Elms dans *Mulholland Drive*. Il a mené le postulant à la télévision jusqu'au centre que ses principaux films précédents pointaient, mais, au lieu d'une « Loge blanche », c'est à une « Loge noire » qu'il l'a alors confronté. David Lynch a pu voir son propre univers se dissiper devant ses yeux. Il a vu le rêve se transformer en cauchemar, et son éternel monde des années cinquante pourrir sur place. *Mulholland Drive*, c'est les *Qlippoth* de *Twin Peaks*. Le vrai Lynch est dans la Loge et il ne peut pas sortir. Du coup, il ne reste plus que nous.

L'art est dangereux. On ne se confronte pas impunément au réceptacle de magie noire le plus puissant de son époque comme ça, en passant, comme si de rien n'était. Mais si l'on ne se confronte pas à la violence que représente son exercice, si l'on ne risque pas le tout pour le tout, quitte à se retrouver projeté dans le néant, alors autant ne rien faire du tout. Si l'on ne risque pas à tout instant son cœur ou sa raison, alors il ne sert à rien de s'engager dans les sentiers de ce jardin. Ce jardin, c'est la télévision comme « monde de l'âme » du capitalisme. Jusqu'à l'advenue de la télévision, le capitalisme ne pouvait s'en prendre qu'aux corps et aux esprits. À partir de l'assomption du petit écran, c'est à l'imaginaire et à sa fonction transfiguratrice, résurrectionnelle, que la religion la plus extrême de toutes s'est attaquée pour mettre l'homme sous sa permanente tutelle. Miroir de l'exil occidental, la télévision a fait éprouver aux masses les barreaux de la prison psychique que jadis les gnostiques seuls surent percevoir dans l'anti-cosmos du dieu mauvais. Ils furent quelques poignées ; nous sommes la Terre entière. Les jours de ce monde sont dès lors comptés. Et c'est *Twin Peaks* qui, en en établissant l'ésotérique, aura commencé à en fissurer l'édifice par la présentation de notre grand miroir brisé. Car on ne détruit pas un « monde de l'âme » du dehors ; *jamais*. On ne le détruit pas par une critique, même radicale, de ce qui le détermine. Ceux qui, une fois, s'y sont trouvés pris et y ont fécondé leurs rêves, continuent à y séjourner alors que tous ses critères d'évaluation extérieurs ont été, depuis longtemps, désamorcés. C'est par une opération gnostique et une « voie de la main gauche » comme celle de *Twin Peaks* que l'on peut défaire, un à un, les liens qui se sont tissés entre l'humanité et l'imaginaire collectif dans laquelle elle a été plongée. Car il ne s'agit pas de voir. Il ne s'agit jamais seulement de voir. Il ne s'agit pas seulement de connaître non plus. Il s'agit de modifier la réalité en rehaussant la qualité de notre regard. À la fin du combat que représente une telle création, l'artiste est enfermé dans le monde qu'il a rendu possible et il ne peut pas sortir. Mais son œuvre est là, devant nos yeux, entre nos mains, et c'est à nous d'en libérer le potentiel de transfiguration épiphanique toujours présent. Nous sommes déjà des princes (si nous le voulons). Il s'agit maintenant d'exprimer le *xvarnah* de notre qualification. Maintenant, quelque chose doit craquer.

Table des matières

TRAVAUX PRATIQUES

Après le progrès, *par Pascal Chabot*
Visiter le Flurkistan ou les illusions de la littérature monde, *par-Camille de Toledo*
Résistances philosophiques, *par Véronique Bergen*
Gouverner sans gouverner. Une archéologie politique de la statistique, *par Thomas Berns*
L'actualité pure. Essai sur le temps paralysé, *par Cédric Lagandré*
Kino-Tanz. L'art chorégraphique du cinéma, *par Dick Tomasovic.*
La régle du Je. Autofiction : un essai, *par Chloé Delaume*

Cet ouvrage a été mis en page
par Jouve
et achevé d'imprimer
sur les presses numériques de Dupliprint (95)

Imprimé en France